全球武器精选系列

全球重武器
TOP精选 珍藏版

《深度军事》编委会 编著

U0534598

清华大学出版社
北京

内 容 简 介

本书精选了主战坦克、步兵战车、牵引式榴弹炮、自行火炮、地对地导弹、地对空导弹及陆军直升机的 68 款经典重武器型号，独具特色地以排行榜的形式对其进行对比介绍。每种武器的排名均秉承客观公正的原则，并设有"排名依据"板块对排名原因进行详细解释。为了增强阅读的趣味性，针对每款武器还特意加入了一些相关的趣闻逸事。读者通过阅读本书可以全面地了解这些重武器的性能，并辨明它们各自的优点与劣势。

本书内容翔实，结构严谨，分析讲解透彻，图片精美丰富，适合广大军事爱好者阅读和收藏，也可以作为青少年的科普读物。

本书封面贴有清华大学出版社防伪标签，无标签者不得销售。
版权所有，侵权必究。举报：010-62782989，beiqinquan@tup.tsinghua.edu.cn。

图书在版编目 (CIP) 数据

全球重武器 TOP 精选（珍藏版）/《深度军事》编委会编著 .—北京：清华大学出版社，2017（2022.6 重印）
（全球武器精选系列）
ISBN 978-7-302-47045-8

Ⅰ. ①全… Ⅱ. ①深… Ⅲ. ①重型—武器—介绍—世界 Ⅳ. ① E92

中国版本图书馆 CIP 数据核字（2017）第 112297 号

责任编辑：李玉萍
封面设计：郑国强
责任校对：张术强
责任印制：杨 艳

出版发行：清华大学出版社
网　　址：http://www.tup.com.cn，http://www.wqbook.com
地　　址：北京清华大学学研大厦 A 座　　邮　编：100084
社 总 机：010-83470000　　邮　购：010-62786544
投稿与读者服务：010-62776969，c-service@tup.tsinghua.edu.cn
质 量 反 馈：010-62772015，zhiliang@tup.tsinghua.edu.cn

印 装 者：涿州汇美亿浓印刷有限公司
经　　销：全国新华书店
开　　本：146mm×210mm　　印　张：8.875
版　　次：2017 年 7 月第 1 版　　印　次：2022 年 6 月第 4 次印刷
定　　价：48.00 元

产品编号：072528-01

前 言
PREFACE

  作为现代陆军的核心装备，各式重武器在现代化战争中发挥着重要作用。不同于单兵武器的方便携带，重武器以其威力巨大、杀伤范围广泛的特点在众多武器中独树一帜。在第一次世界大战中，火炮及坦克的使用就已经奠定了重武器在战场中不可动摇的地位。越来越多的军事大国投入大量的人力、物力及财力，纷纷从事重武器的研究与开发。

  在世界各国重武器中，那些引领时代的经典型号总是格外引人注目。本书精心选取了主战坦克、步兵战车、牵引式榴弹炮、自行火炮、地对地导弹、地对空导弹及陆军直升机的68款经典重武器型号，独具特色地以排行榜的形式对其进行了对比介绍。每种武器的排名均秉承客观公正的原则，并设有"排名依据"板块对排名原因进行详细解释，并对每款武器加入了一些相关的趣闻逸事，从而使读者全面了解这些重武器的性能。

  针对现代人的阅读习惯，本书不仅在文字方面严格把关，在配图方面更是精益求精。书中配有大量清晰而精美的鉴赏图片，同时精心设计了许多极具特色的数据对比图表，生动形象地体现出每款武器的性能差异。此外，还配有分解图和士兵使用图，方便读者了解每款武器的构造。在结构上，本书也颇为新颖地采用了"从后往前"的排序方式，能够最大限度地激起读者的好奇心和阅读欲望。

本书是面向军事爱好者的基础图书，不仅图文并茂，在资料来源上也更具权威性和准确性。对于广大资深军事爱好者以及有意了解国防军事知识的青少年来说，本书不失为具有价值的科普读物。希望读者能够通过阅读本书，循序渐进地提高自己的军事素养。

本书由《深度军事》编委会编著，参与编写的人员有阳晓瑜、陈利华、高丽秋、龚川、何海涛、贺强、胡姝婷、黄启华、黎安芝、黎琪、黎绍文、卢刚、罗于华等。同时，本书还拥有非常完善的售后服务，读者可以通过电话、邮件、官方网站和微信公众号等多种途径提出意见和建议。

目录 CONTENTS

Chapter 01　认识重武器 1
　重武器发展简史 2
　认识重武器 4

Chapter 02　主战坦克 9
　整体展示 10
　TOP10　印度"阿琼"主战坦克 14
　TOP9　日本 10 式主战坦克 19
　TOP8　韩国 K2"黑豹"主战坦克 22
　TOP7　意大利 C1"公羊"主战坦克 26
　TOP6　法国"勒克莱尔"主战坦克 30
　TOP5　英国"挑战者 2"主战坦克 33
　TOP4　以色列"梅卡瓦"主战坦克 36
　TOP3　俄罗斯 T-90 主战坦克 39
　TOP2　德国"豹 2"主战坦克 42
　TOP1　美国 M1"艾布拉姆斯"主战坦克 45

Chapter 03　步兵战车 49
　整体展示 50
　TOP10　日本 89 式步兵战车 55
　TOP9　瑞典 CV-90 步兵战车 59

TOP8	意大利"达多"步兵战车	62
TOP7	英国 FV510"武士"步兵战车	66
TOP6	法国 AMX-10P 步兵战车	70
TOP5	美国 AIFV 步兵战车	73
TOP4	德国"美洲狮"步兵战车	76
TOP3	俄罗斯 BMP-3 步兵战车	80
TOP2	法国 VBCI 步兵战车	83
TOP1	美国 M2"布莱德利"步兵战车	87

Chapter 04　牵引式榴弹炮　91

整体展示　92

TOP10	美国 M1 式 75 毫米榴弹炮	97
TOP9	英国 QF 25 磅榴弹炮	101
TOP8	苏联 ML-20 152 毫米榴弹炮	105
TOP7	苏联 M-30 122 毫米榴弹炮	108
TOP6	德国 le FH 18 105 毫米榴弹炮	111
TOP5	美国 M2 105 毫米榴弹炮	114
TOP4	瑞典 FH77B 155 毫米榴弹炮	118
TOP3	德国 s FH 18 150 毫米榴弹炮	121
TOP2	美国 M198 155 毫米榴弹炮	125
TOP1	英国 M777 155 毫米榴弹炮	129

Chapter 05　自行火炮　133

整体展示　134

TOP10	日本 99 式 155 毫米自行火炮	139
TOP9	韩国 K9 155 毫米自行火炮	143
TOP8	俄罗斯 2S9 120 毫米自行火炮	146
TOP7	美国 M107 175 毫米自行火炮	149
TOP6	法国 CAESAR 155 毫米自行火炮	152
TOP5	美国 M142 227 毫米自行火炮	156
TOP4	英国 AS-90 155 毫米自行火炮	159

TOP3	德国 PzH2000 155 毫米自行火炮	162
TOP2	俄罗斯 2S5 152 毫米自行火炮	166
TOP1	美国 M109 155 毫米自行火炮	169

Chapter 06　地对地导弹 173

整体展示 174

TOP10	印度"烈火"Ⅲ型地对地导弹	179
TOP9	俄罗斯 OTR-21 "圆点"地对地导弹	182
TOP8	美国 MGM-140 陆军战术导弹	185
TOP7	俄罗斯 OTR-23 "奥卡"地对地导弹	188
TOP6	俄罗斯 9K720 "伊斯坎德尔"弹道导弹	191
TOP5	俄罗斯 RT-2PM "白杨"弹道导弹	194
TOP4	俄罗斯 RT-23 洲际弹道导弹	197
TOP3	美国 LGM-30 "民兵"弹道导弹	199
TOP2	俄罗斯 RT-2PM2 "白杨"M 弹道导弹	202
TOP1	美国 LGM-118 "和平卫士"弹道导弹	206

Chapter 07　地对空导弹 209

整体展示 210

TOP8	俄罗斯 9K330 "道尔"地对空导弹	214
TOP7	英国"轻剑"地对空导弹	217
TOP6	俄罗斯"铠甲"-S1 防空系统	220
TOP5	美国 MIM-72 "小榭树"地对空导弹	223
TOP4	美国 MIM-104 "爱国者"地对空导弹	226
TOP3	俄罗斯 2K12 "卡勃"地对空导弹	228
TOP2	俄罗斯 S-400 "凯旋"地对空导弹	231
TOP1	美国战区高空防御导弹	234

Chapter 08　陆军直升机 237

整体展示 238

TOP10	美国 OH-58 "奇欧瓦"轻型直升机	243
TOP9	俄罗斯米 -6 "吊钩"运输直升机	246

V

TOP8 法国 SA 330 "美洲豹" 通用直升机 249
TOP7 美国 UH-72 "勒科塔" 通用直升机 251
TOP6 俄罗斯米-8 "河马" 运输直升机 254
TOP5 美国 CH-47 "支奴干" 运输直升机 257
TOP4 欧洲 NH90 通用直升机 261
TOP3 美国 UH-1 "伊洛魁" 通用直升机 264
TOP2 俄罗斯米-26 "光环" 通用直升机 267
TOP1 美国 UH-60 "黑鹰" 通用直升机 270

参考文献 273

认识重武器

▸▸ Chapter 01

　　重武器是对较单兵武器更有杀伤力的武器的统称，一般包括坦克、步兵战车、火炮、直升机等。重武器的杀伤力较大，一般只有在大规模的战役中才使用。重武器非常重，单兵携带不方便，因此通常需要多人才能驱动。作为现代陆军的核心装备，各式重武器在现代化战争中发挥着重要的作用。本章主要介绍重武器的发展历史以及现代陆军主力重武器的分类。

重武器发展简史

自中国的火药和火器传到西方国家以后,火炮便在欧洲开始迅速发展。14世纪上半叶,欧洲制造出发射石弹的火炮;16世纪前期,意大利人尼科洛·塔尔塔利亚发现了炮弹在真空中以45度射角发射时射程最大的规律,为炮兵学的理论研究奠定了基础;16世纪中叶,欧洲出现了口径较小的青铜长管炮和熟铁锻成的长管炮,代替了以前的臼炮(一种大口径短管炮),还采用了前车,便于快速行动和通过起伏地;16世纪末期,出现了将子弹或金属碎片装在铁筒内制成的霰弹,用于杀伤人马;1600年前后,一些国家开始使用药包式弹药,提高了发射速度和射击精度。

17世纪,伽利略的弹道抛物线理论和牛顿对空气阻力的研究推动了火炮的发展;瑞典王古斯塔夫二世在位期间(1611—1632年),采取减轻火炮重量和使火炮标准化的办法,提高了火炮的机动性;1697年,欧洲人用装满火药的管子代替点火孔内的散装火药,简化了瞄准和装填过程。

一战中英军使用的130毫米60磅炮

到了17世纪末,欧洲大多数国家都使用了榴弹炮。18世纪中叶,普鲁士王弗里德里希二世和法国炮兵总监格里博沃尔曾致力于提高火炮的机动性和推动火炮的标准化。英法等国经多次试验,统一了火炮口径,使火炮各部分的金属重量比例更为恰当,还出现了用来测定炮弹初速的弹道摆锤。

士兵正在使用M777榴弹炮

到一战时，炮兵已经完全成为左右战争胜负的决定性因素。特别是由于机枪的使用，步兵集群式的冲锋战术无疑成为毫无价值的自杀性行为。因此，战争从运动模式进入阵地模式，在阵地战中，传统的枪械在碉堡和战壕面前毫无作用，火炮成为它们的克星。

在一战中使用最广泛的火炮包括迫击炮、小口径平射炮和高射炮，前两种主要用来对付地面隐蔽目标和机枪阵地，第三种主要用于对付空中目标。火炮的使用让各国意识到了重武器的威力与重要性，因此，越来越多的重武器出现在各种战场上。

现代牵引式榴弹炮

1914年10月，第一次世界大战中的欧洲战场陷入了僵局。正在英国远征部队服役的斯温顿中校提出，需要制造一种能够在遍布铁丝网的战场上开辟道路、翻越壕沟并能摧毁和压制机枪火力的装甲车来打破西部前线的这种沉闷僵局。当时的英国陆军对此毫无兴趣，时任海军大臣的丘吉尔却深受启发，下令组建"陆地战舰委员会"，并亲自领导"陆地战舰"的研制工作。

1915年2月，英国政府最终采纳了斯温顿的建议，利用汽车、拖拉机、枪炮制造和冶金技术，于1915年9月制成样车，进行了首次试验并获得成功，样车被称为"小游民"。1916年，英国生产了"马克"Ⅰ型坦克，有"雄性"和"雌性"两种。1916年9月15日，有48辆"马克"Ⅰ型坦克首次投入索姆河战役，但由于各种原因最终只有18辆投入到战斗。1918年，法国也研制出了雷诺FT-17坦克，并在一战中立下战功。而在一战结束前，德国也开发出坦克加入战场，只是在战争结束前并未发生多数坦克在战场上对决的场面。

保存在博物馆的 FT-17 坦克

认识重武器

主战坦克

　　主战坦克（Main Battle Tank）是具有能对敌军进行积极、正面攻击能力的坦克，能够实现机动、火力、防御的最佳平衡。它的火力和装甲防护力达到或超过以往重型坦克的水平，同时具有中型坦克机动性好的特点，是现代装甲兵的基本装备和地面作战的主要突击兵器。主战坦克的出现受到各国军事部门的重视，一些军事大国纷纷投入大量的人力、物力，从事主战坦克的研制与开发。主战坦克主要用于与敌方坦克和其他装甲车辆作战，也可以摧毁反坦克武器、野战工事、歼灭有生力量等。

"挑战者"主战坦克

Chapter 01　认识重武器

步兵战车

步兵战车（Infantry Fighting Vehicle）是供步兵机动作战用的装甲战斗车辆，在火力、防护力和机动性等方面都优于装甲人员输送车，并且车上设有射击孔，步兵能乘车射击。步兵战车主要用于协同坦克作战，其任务是组成快速机动步兵分队，消灭敌方轻型装甲车辆、步兵反坦克火力点、有生力量和低空飞行目标。履带式步兵战车越野性能好，生存能力较强，是现代装备的主要车型。轮式步兵战车造价低，耗油少，使用维修简便，公路行驶速度高，有的国家已少量装备于部队中。

"武士"步兵战车

牵引式榴弹炮

榴弹炮（Howitzer）是一种身管较短，弹道比较弯曲，适合于打击隐蔽目标和地面目标的野战炮。榴弹炮可以配用燃烧弹、榴弹、杀伤子母弹、碎甲弹、制导弹、增程弹、照明弹、发烟弹、宣传弹等多种弹药，采用的变装药变弹道可在较大纵深内实施火力机动。西方国家的榴弹炮口径主要为105毫米、155毫米、203毫米。俄罗斯及原华约国家的榴弹炮口径主要为122毫米、152毫米、203毫米。榴弹炮按机动方式可分为牵引式和自行式两种，牵引式榴弹炮是借助牵引工具运行的榴弹炮。

5

M198 榴弹炮

自行火炮

　　自行火炮 (Self-propelled Gun) 是同车辆底盘构成一体自身能运动的火炮。自行火炮主要由武器系统、底盘部分和装甲车体组成。自行火炮除按炮种分类外，还可按行动装置的结构形式分为履带式、轮式和半履带式；按装甲防护分为全装甲式（封闭式）、半装甲式（半封闭式）和敞开式。全装甲式车体通常是密闭的，具有对核武器、化学武器和生物武器的防护能力。自行火炮的使用，更有利于不间断地实施火力支援，使炮兵、装甲兵和摩托化步兵的战斗协同更加紧密。

AS 90 自行火炮

地对地导弹

地对地导弹（Surface-to-surface Missile）是指从陆地发射攻击陆地目标的导弹。它由弹头、弹体或战斗部、动力组织和制导系统等组成，与导弹地面指挥控制、探测跟踪、发射系统等结构构成地对地导弹武器系统。地对地导弹携带单个或多个弹头，具有射程远、威力大、精度高等特点，已经成为战略核武器的主要组成部分。地对地战术导弹携带核弹头或常规弹头，射程较近，用于打击战役战术纵深内的目标，是地面部队的重要武器。地对地导弹的发射方式有地面和地下、固定和机动、垂直和倾斜、热发射和冷发射等区分。地对地导弹最大射程远达上万千米，如地地洲际导弹；最小射程近至几十米，如地面发射的反坦克导弹。

OTR-21"圆点"地对地导弹

地对空导弹

地对空导弹（Surface-to-air Missile）是指从地面发射攻击空中目标的导弹，又称防空导弹。它是组成地空导弹武器系统的核心。地对空导弹是由地面发射，攻击来袭飞机、导弹等空中目标的一种导弹武器，是现代防空武器系统中的一个重要组成部分。与高炮相比，它射程远，射高大，单发命中率高；与截击机相比，它反应速度快，火力猛，威力大，不受目标速度和高度的限制，可以在高、中、低空及远、中近程构成一道道严密的防空火力网。

发射中的"铠甲"-S1系统

陆军直升机

直升机（Helicopter）作为20世纪航空技术极具特色的创造之一，极大地拓展了飞行器的应用范围。直升机是典型的军民两用产品，可以广泛地应用于运输、巡逻、旅游、救护等多个领域。直升机的突出特点是可以做低空（离地面数米）、低速（从悬停开始）和机头方向不变的机动飞行，特别是可在小面积场地垂直起降，这使其具有广阔的用途及发展前景。直升机在军用方面已广泛应用于对地攻击、机降登陆、武器运送、后勤支援、战场救护、侦察巡逻、指挥控制、通信联络、反潜扫雷、电子对抗等。

CH-47直升机

主战坦克

▸▸ Chapter 02

TOP 10

坦克作为现代陆上作战的主要武器,有"陆战之王"之美称,它是一种具有强大的直射火力、高度越野机动性和强大的装甲防护力的履带式装甲战斗车辆,主要执行与对方坦克或其他装甲车辆作战的任务,也可以压制、消灭反坦克武器、摧毁工事、歼灭敌方有生力量。本章将详细介绍坦克建造史上影响力最大的十种型号,并根据综合性能、作战影响以及威力大小等因素进行客观公正的排名。

整体展示

建造数量、服役时间和研制厂商

TOP10 印度"阿琼"主战坦克

建造数量	124 辆
服役时间	2007 年至今
阿瓦迪重型车辆厂	阿瓦迪重型车辆厂是印度著名的坦克车辆制造商，该厂较为经典的产品就是"阿琼"主战坦克

TOP9 日本 10 式主战坦克

建造数量	53 辆（预计 250 辆）
服役时间	2012 年至今
三菱重工	三菱重工是日本综合机械机器厂商，也是日本最大的国防工业承包商，为三菱集团的旗下企业之一。其业务范围相当广泛，涵盖交通运输、铁路车辆、武器、军事装备、船舶、电动马达、发动机、航空太空、能源、空调设备以及其他各种机械设备的生产制造

TOP8 韩国 K2 "黑豹"主战坦克

建造数量	100 辆（计划 200 辆）
服役时间	2014 年至今
韩国国防科学研究所	韩国国防科学研究所（Agency for Defense Development）是韩国国防部旗下的研究机构，主要任务为国防兵器的自主研发

TOP7 意大利 C1 "公羊"主战坦克

建造数量	200 辆以上
服役时间	1995 年至今
奥托·梅莱拉（OTOMelara）公司	奥托·梅莱拉公司（意大利语：QtoMelara）是在 1905 年意大利的武器制造商，主要工厂在布雷西亚及拉斯佩齐正（LaSpezia），在一战、二战直至现在生产了许多军备

Chapter 02 主战坦克

TOP6 法国"勒克莱尔"主战坦克	
建造数量	800 辆以上
服役时间	1990 年至今
地面武器工业集团（GIAT）	GIAT 是历史悠久的法国军火制造商，又称伊西莱姆利罗公司，其前身可追溯到 1690 年。当时波旁王朝国王路易十四在小镇图尔设立兵工厂，从事王家军队的武器生产。其总部设在巴黎郊外的布尔歇

TOP5 英国"挑战者 2"主战坦克	
建造数量	大约 446 辆
服役时间	1998 年至今
阿尔维斯·维克斯公司	阿尔维斯·维克斯公司（Alvis Vickers）是英国著名军火制造商，其经典产品为"挑战者 2"主战坦克

TOP4 以色列"梅卡瓦"主战坦克	
建造数量	Mark I: 250 辆；Mark II: 580 辆；Mark III: 780 辆；Mark IV: 320 辆（预计将增产到 700 辆）
服役时间	1979 年至今
以色列国防军	以色列国防军（IDF）创立于 1948 年，是中东地区国防预算最高的军队之一。作为世界上最有战争经验的武装力量，它曾自主研制了"梅卡瓦"主战坦克

TOP3 俄罗斯 T-90 主战坦克	
建造数量	3000 辆以上
服役时间	1995 年至今
下塔吉尔国有工厂	下塔吉尔国有工厂是俄罗斯著名的坦克制造商

TOP2 德国"豹 2"主战坦克	
建造数量	3100 辆以上
服役时间	1979 年至今
基尔机械制造厂	基尔机械制造厂（MaK）是德国一家传统的机械制造商，主要生产船用柴油机、柴油机车、柴油动车组和履带车

全球重武器 TOP 精选（珍藏版）

TOP1 美国 M1"艾布拉姆斯"主战坦克	
建造数量	7780 辆以上
服役时间	1980 年至今
克莱斯勒汽车公司防务部门	克莱斯勒汽车公司防务部门于（Chrysler Defense Division）1982 年转卖给通用动力公司，成为通用动力地面系统部门

主体尺寸

1 TOP10 印度"阿琼"主战坦克

高度 2.32 米
长度 10.64 米
宽度 3.86 米

2 TOP9 日本 10 式主战坦克

高度 2.3 米
宽度 3.24 米
长度 9.42 米

3 TOP8 韩国 K2"黑豹"主战坦克

高度 2.2 米
宽度 3.1 米
长度 10 米

4 TOP7 意大利 C1"公羊"主战坦克

高度 2.45 米
宽度 3.61 米
长度 9.52 米

5 TOP6 法国"勒克莱尔"主战坦克

高度 2.53 米
宽度 3.6 米
长度 9.87 米

6 TOP5 英国"挑战者 2"主战坦克

高度 2.49 米
宽度 3.5 米
长度 8.3 米

Chapter 02　主战坦克

7　TOP4　以色列"梅卡瓦"主战坦克

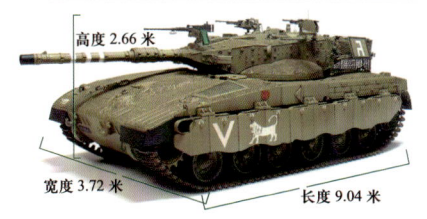

高度 2.66 米
宽度 3.72 米
长度 9.04 米

8　TOP3　俄罗斯 T-90 主战坦克

高度 2.22 米
宽度 3.78 米
长度 9.63 米

9　TOP2　德国"豹2"主战坦克

高度 3 米
长度 9.97 米
宽度 3.75 米

10　TOP1　美国 M1"艾布拉姆斯"主战坦克

高度 2.44 米
宽度 3.66 米
长度 9.77 米

基本战斗性能对比

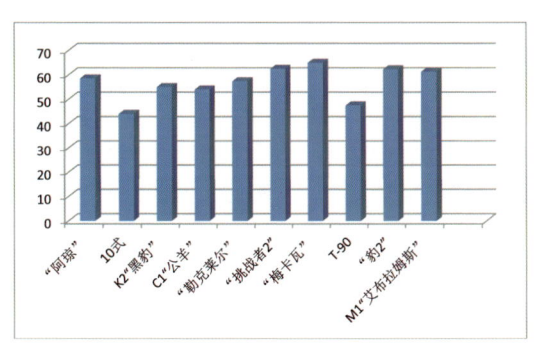

坦克重量对比图（单位：吨）

13

全球重武器 TOP 精选（珍藏版）

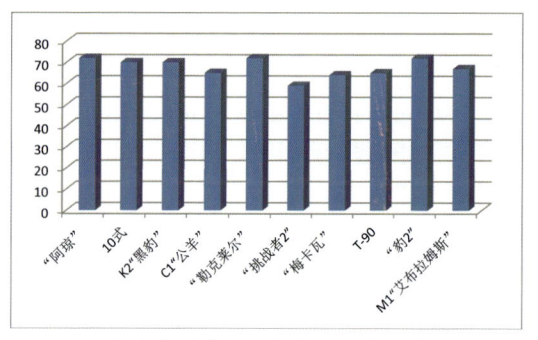

坦克速度对比图（单位：千米/时）

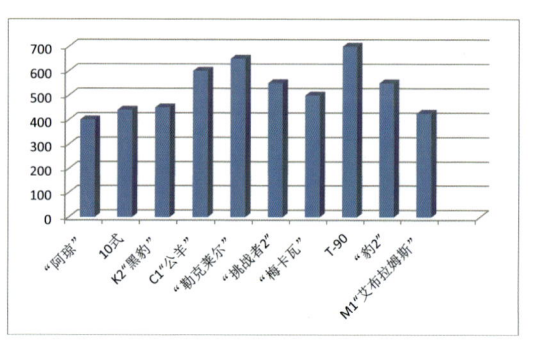

坦克最大行程对比图（单位：千米）

TOP10 印度"阿琼"主战坦克

Chapter 02　主战坦克

"阿琼"是印度国产的第一种现代化主战坦克，主要用户为印度陆军。

排名依据： 与印度其他国产装备一样，阿琼主战坦克研制试验历时整整 30 年，创下了世界坦克研制时长之最，但也只是诞生了一个勉强能接受的结果。在 2014 年的新德里国际武器装备展上，印度军工非常大方地向国内外参展观众展示了最新型阿琼 MK2 主战坦克。该型坦克较其早期型有 19 处重大改进。从现场图来看，国际上流行的坦克先进设备都能在阿琼 MK2 上找到，例如，遥控武器站、楔形装甲、先进弹道计算机、炮长席位可视化等。

"阿琼"坦克群

建造历程

早在 1972 年，印军就提出使用新一代主战坦克来替代老式的"胜利"主战坦克，同年 8 月正式开始新型主战坦克方案的研究。1974 年，印度政府批准"阿琼"研制计划并拨款。1983 年，因样车研制失败推迟计划。1984 年，研制出 2 辆样车。1988 年，10 辆样车生产完成，其中 6 辆被提交军方并进行试验。1991 年，印度陆军提议放弃"阿琼"研制计划，但被否决。1996 年，样车出现重大故障。直到 2007 年，印度国防部才宣布"阿琼"坦克已能够服役。由于印度基础军事工业的落后，导致"阿琼"主战坦克至今仍需大量进口欧美零件拼装，虽然原型车有 73% 的部件是自行制造的，但实际生产时国产化率仅为 40%。

15

全球重武器 TOP 精选（珍藏版）

"阿琼"主战坦克参加阅兵

主体结构

　　第一批"阿琼"主战坦克使用传统钢制装甲，而后则换装印度防卫冶金实验室研发的复合装甲，由德国方面的技术发展而成，其装甲结构包含多种夹层（包括滚轧均质钢板、镍基合金、含有氧化铝陶瓷/玻璃纤维等非金属材料的三明治结构等）。炮塔后方主炮弹舱顶部设有泄压板，万一主炮炮弹被敌火诱爆，便能将主要爆炸压力导向上方，尽量减小对战斗室的波及。"阿琼"配备有印度巴哈巴核能研究中心开发的全车加压式核生化（NBC）防护系统，战斗舱与引擎舱则配备印度开发的哈伦（Halon）自动灭火抑爆系统。"阿琼"的车头设有V字形挡水板，与苏联T-72坦克类似。

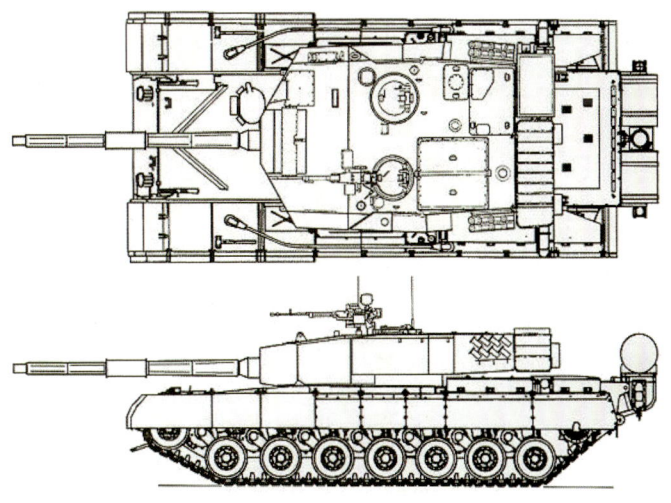

"阿琼"主战坦克示意图

作战性能

　　"阿琼"主战坦克的主炮为一门120毫米线膛炮，可以发射印度自行研制的尾翼稳定脱壳穿甲弹、破甲弹、发烟弹和榴弹等弹种，改进型还可以发射以色列制的炮射导弹。火控系统由巴拉特电子有限公司研制，由热成像瞄准镜、弹道计算机、激光测距仪以及多种传感器组成。"阿琼"主战坦克的辅助武器为1挺7.62毫米并列机枪和1挺12.7毫米高射机枪，另外炮塔两侧还各有一组烟幕弹发射装置。

"阿琼"主战坦克主要着重于硬防护，采用了印度自制的"坎昌"式复合装甲，并可外挂反应装甲。此外，该坦克还安装有三防装置。"阿琼"主战坦克采用德国 MTU 公司生产的柴油发动机，输出功率为 1030 千瓦。"阿琼"主战坦克可以越过 3 米宽的战壕和 0.9 米高的垂直矮墙，爬坡度为 60%。

正在开火的"阿琼"主战坦克

趣闻逸事

"阿琼"主战坦克起初命名为 MBT80，后以印度教史诗《摩诃婆罗多》中战神阿周那（Arjuna）的名字改称为"阿琼"。2015 年 5 月，美国《防务新闻》周刊网站报道，印度陆军军官证实，印度大部分自制的"阿琼"MK1 主战坦克已经被停驶，因其技术故障和难以进口部分零件，5% 的第一代"阿琼"坦克已经无法继续使用。

"阿琼"主战坦克

Chapter 02　主战坦克

TOP9 日本 10 式主战坦克

三菱 10 式（Type 10）主战坦克是由日本防卫省技术研究本部（TRDI）主持、三菱重工生产的日本陆上自卫队新一代主战坦克。

排名依据：10 式坦克外观仍与传统构型的坦克相似，但使用了大量最先进科技，也延续了日本武器一贯的精致细腻。相较于 90 式主战坦克，10 式的尺寸和重量都有所改变，战斗重量降至 44 吨，比 90 式轻 6 吨。由于 73 式特大半拖挂车的最大承载重量为 40 吨，因此理论上在拆除模块装甲套件、卸下弹药之后，10 式就能直接开上 73 式半拖挂车进行公路运输，故 10 式的战役部署弹性与机动性比 90 式大大增加。

10 式主战坦克前方特写

19

建造历程

之前的90式主战坦克除了数量少与价格昂贵外，因为车体重量大的因素仅适合部署于北海道地区。2004年9月，日本防卫省宣布准备停止量产昂贵的90式主战坦克；此时，日本新一代TK-X坦克计划正在进行，由防卫省技术研究本部主导开发，试制仍由长年为日本陆上自卫队供应主战坦克的三菱重工神奈川县相模原制造所负责。第一辆TK-X原型车于2002年开始制造，至2006年共完成三辆原型车。2008年2月13日，位于神奈川县的日本防卫省技术研究本部（TRDI）正式公开了TK-X的第五辆原型车；在总计五辆的TK-X原型车中，第一辆是研究评估用车，另外三辆为试验车。当时TRDI表示，TK-X预计最快可在2010年开始服役，届时将全面替换74式主战坦克，量产型的国产化程度将提高到98%。由于是在2010年度定型投产，因此TK-X的正式型号为10式坦克。第一辆量产型10式主战坦克于2011年交付富士教导团坦克教导队，并于2012年1月10日举行了入役仪式。

10式主战坦克侧方特写

在泥地中行驶的10式主战坦克

主体结构

为了尽可能缩减车体长度，10式主战坦克刻意加高了车尾发动机室的高度，利用垂直的空间来安装发动机周边装备，尽量减少发动机套件占用

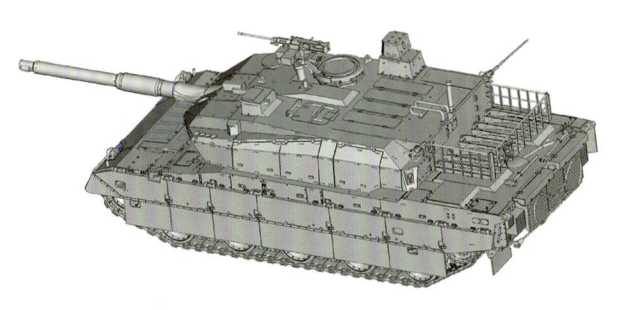

的水平面积。10式主战坦克的车体与炮塔采用滚轧均质钢甲制造，车头正面上部加装新型复合装甲，炮塔外侧加挂模块化装甲；10式主战坦克式使用的新型复合装甲套件与90式主战坦克的复合装甲相当甚至略优，但重量则只有后者的七成。

10式主战坦克结构图

作战性能

武器方面，10式主战坦克坦克配备一门日本自行开发的120毫米44倍径滑膛炮，基本设计与先前的90式120毫米滑膛炮相同，但提高了膛压，炮塔尾舱内设有一具水平式自动装弹机来供应主炮所需的弹药。10式主战坦克主炮的弹种除了传统的尾翼稳定脱壳穿甲弹、高爆穿甲弹、高爆榴弹之外，还能使用一种程序化引信炮弹，其电子引信能在穿透三层墙壁之后才引爆弹头，主要在城镇战中用来对付隐藏于工事后方或建筑物内部的敌军。

以往90式将车长机枪置于车长与炮手舱盖之间，希望能让两名组员共享，然而在实际应用上却会严重妨碍机枪对两侧的射界，于是10式主战坦克又将机枪改回在车长舱盖处，以便于车长操作的效率。以后的10式主战坦克可能以遥控武器站取代车顶的人操车长机枪，新的武器站可能同时装备一挺7.62毫米机枪与一门40毫米榴弹机枪，不仅近距离火力压制力大增，更能让人员在车内安全地操作，而不必冒险将头部探出车外，有利于城镇作战。

正在开火的10式主战坦克

> **趣闻逸事**

10式主战坦克研发期间耗费了484亿日元,以2010年防卫预算中编列的首批13辆10式为例,总经费为124亿日元(不包括63亿日元的量产先期准备费用),平均每辆约为9.54亿日元。

10式主战坦克上的50机枪与红外线仪

TOP8 韩国K2"黑豹"主战坦克

K2"黑豹"主战坦克(K2 Black Panther)是韩国新一代主战坦克,由韩国国防科学研究所(ADD)研制。

Chapter 02　主战坦克

排名依据： 负责开发K2主战坦克的韩国国防科学研究所（ADD）形容K2是"全世界技术水平最高的"一种主力战地坦克。K2坦克融合了第三代坦克之所长，是名副其实的"混血"，它在火炮威力、火控系统、装甲防御、动力等方面都有极大的提高。

K2 "黑豹" 主战坦克在雪地上行驶

建造历程

虽然K1主战坦克和改良的K1A1可以轻松地对付北朝鲜的老式天马虎式坦克，但韩国依然于1995年开始研发新坦克并着重于采用国内科技。国防科学研究所（ADD）将坦克发展到科技艺术的境界，耗费11年时间和2.3亿美元，最后终于完成量产前的测试阶段。其中超过90%的零件是国产的。最初台面下有两项主设计思路，一个是有人炮塔，一个是无人炮塔，最后有人炮塔胜出。ADD于2003年公布了一些图片和影片，表示K2已经有实战能力。2007年3月试行量产，3辆试产车的第一辆于庆尚南道的昌原市出厂。

参加展览的K2主战坦克

在山地行驶的K2主战坦克

23

主体结构

K2 主战坦克延续了 K1 坦克的设计，驾驶舱位于车体的左前方，车体是战斗舱，车体后部是动力舱。K2 主战坦克的炮塔类似于法国"勒克莱尔"的炮塔风格，炮塔正面和两侧装甲接近垂直，消除了 K1 坦克上的窝弹区，炮塔后面多了一个尾舱，里面安装有自动装弹机。

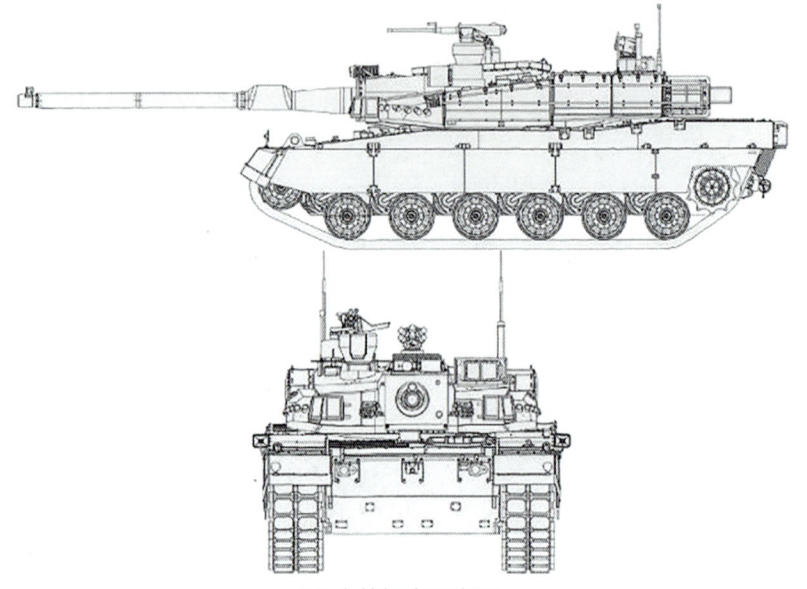

K2 主战坦克示意图

作战性能

K2 配备的武器包括引进的德国 L55 身管 120 毫米滑膛炮和由国防科学研究所（ADD）生产的 12.7 毫米 K6 机枪和 7.62 毫米同轴机枪，具有自动装填弹药和每分钟可以发射多达 15 发炮弹的能力。一个独特的系统使它可以在移动中发炮，即使在地势崎岖的地方也不受影响。而特制的悬架系统使它可以"坐""站""跪"，这样战车主炮在下山时也能发射弹药。主炮可以发射多种弹药，含国产研发的钨弹头的尾翼稳定脱壳穿甲弹（APFSDS）比上一代穿甲弹有更大的进步。而多目标高爆化学弹则可以有效地杀伤人员、轻装甲车辆、墙后的人员、低空直升机。

Chapter 02　主战坦克

　　K2 加装铝箔条散布器防御系统以增强原本的 RWR 系统和雷达干扰系统为主。车载型毫米波雷达联结车上电脑可以侦测全方向来袭的物体，立刻发出警报和启动 VIRSS 烟雾弹阻断敌军视觉、雷达、热影像等锁定方式，同时可以趁来袭导弹失去锁定时移动坦克位置避开导弹。

正在开火的 K2 主战坦克

趣闻逸事

　　从 2011 年 K2 主战坦克量产开始，韩国陆军已经订购了 100 辆 K2 主战坦克。现代公司预计，韩国陆军最终订购的 K2 主战坦克数量大约为 600 辆，其中首批 100 辆将配备 MTU 883 柴油发动机 / 伦克自动变速器动力组件。现 K2 主战坦克的单位功率为 20 千瓦 / 吨，比同级别其他坦克性能更高。

K2 主战坦克进行越障训练

TOP7 意大利 C1"公羊"主战坦克

C1 公羊主战坦克（C1 Ariete）是意大利陆军的第三代主战坦克，由意大利国内自行研制与生产。

排名依据： 虽然 C1 公羊主战坦克是意大利在二战后第一次开发的国产坦克，但它大量地采用了 120 毫米滑膛炮和复合装甲等战后世界先进技术，因此整体性能尚算优秀。但与当今最新型的主战坦克相比，"公羊"的各项性能均不算突出，但是重量较小，全重 48 吨左右，堪称西方第三代主战坦克中最轻型的一员，因而其机动性能较好。但先进坦克应该具有的装备，如热成像夜视仪、稳像式火控系统、复合装甲、120 毫米滑膛炮、自动灭火抑爆装置等，"公羊"身上一个也不少。仅凭这一点，"公羊"仍可跻身世界先进坦克行列。

Chapter 02　主战坦克

在泥地中行驶的"公羊"主战坦克

建造历程

　　二战后，意大利属于美、苏对抗的"后方"，因此在很长时间内，未研制自己的主战坦克。其陆军部队装备的少量主战坦克主要是从美国和德国进口的，如 M47 中型坦克、M60 巴顿和德国的豹 1 坦克。20 世纪 70 年代末，为打开军火出口市场，意大利奥托·梅莱拉公司和菲亚特公司等几个企业联合研制了一种出口型坦克——OF-40。OF-40 以德国豹 1 坦克为蓝本，发动机和传动装置与豹 1 坦克完全相同，其余部件也与豹 1 坦克大同小异，但对火控和电子系统进行了较大的改进，几乎可以看作豹 1 坦克的意大利豪华升级版。

　　意大利本国陆军并未装备这种专供出口的坦克。相反，意大利陆军在 20 世纪 80 年代初期另外启动了一个精简的装甲车辆体系研制计划，研制构成"装甲部队现代化计划"的核心装备。这个研制计划包括主战坦克、步兵战车和轮式装甲战斗车等一系列车辆。

　　经过权衡，意大利决定自行研制一种新型的主战坦克。该坦克应适合意大利军队装备，性能达到世界第三代主战坦克的水平，但价格要尽量低廉。1984 年初，意大利军方指定由意大利奥托·梅莱拉公司为主承包商，意大利 IVECO 为底盘部分的承包商，开始研制新一代主战坦克。这就是 C-1 "公羊"坦克。

"公羊"主战坦克后方特写　　　　"公羊"主战坦克前侧方特写

主体结构

"公羊"主战坦克的车体和炮塔用轧制钢板焊接而成，重点部位采用新型复合装甲。车内分3个舱室：右前部是驾驶舱，中部是战斗舱，发动机和传动装置位于车体后部。驾驶员有3个潜望镜，中间一具可换为被动式夜视潜望镜。炮塔在车体中部上方，呈长方形，左侧开有补弹窗，后部有1个大尾舱。炮塔内有3名乘员，车长在炮塔右侧，炮长在车长前下方，装填手在炮塔左侧，这也是第三代主战坦克的常规布置方式。车长和装填手各有1个向后开启的单扇舱盖，车长舱盖前有1个周视潜望镜。

"公羊"主战坦克三视图

作战性能

C1"公羊"主战坦克的主要武器是一门奥托·梅莱拉公司生产的120毫米滑膛炮。"公羊"主战坦克可携带42发炮弹，其中15发储存于炮塔尾舱，27发储存于车体内。由于德国和意大利都不生产贫铀弹，因此"公羊"主战坦克也只能使用钨合金穿甲弹。除穿甲弹外，"公羊"主战坦克还可携带多用途弹。"公羊"主战坦克的辅助武器包括一挺与主要武器并列安装的 7.62 毫米机枪和一挺安装在车长指挥塔盖上的 7.62 毫米高射机枪，高射机枪可由车长在车内遥控射击。

正在开火的"公羊"主战坦克

趣闻逸事

"公羊"主战坦克之所以强调加速性，与意大利本国山地较多、公路坡度较大是分不开的。在这种环境下作战，坦克需要经常爬坡和反复停车、启动，因此加速性能比行驶速度更为重要。

"公羊"主战坦克正在编队行驶

TOP6 法国"勒克莱尔"主战坦克

"勒克莱尔"(Leclerc)主战坦克由法国地面武器工业集团(GIAT)设计和生产,它取代了旧有的 AMX-30 主力坦克。

排名依据:"勒克莱尔"主战坦克被誉为"全球第一种第四代主战坦克",性能优异且造价低廉。放眼全球,仅有日本的 90 式主战坦克的造价能与"勒克莱尔"相媲美。"勒克莱尔"坦克除了具备 M1、豹 2 等当代最精锐坦克必备的杰出特质外,更以大量地应用最尖端的科技著称于世。

急速行驶的"勒克莱尔"主战坦克

建造历程

20 世纪 70 年代,法国陆军装备的 AMX-30 坦克已日渐老旧。1977 年,法国军方提出新坦克需求，但进口美国 M1 "艾布拉姆斯"、德国 "豹 2" 和以色列 "梅卡瓦" 主战坦克的提议均未获得通过。1986 年，法国启动了 "勒克莱尔" 主战坦克研制专案，并很快造出了样车。相对于其他西方坦克，该样车更注重主动防御手段，借此降低装甲重量、增加机动性闪避炮火和取得有力射击位置。阿拉伯联合酋长国深为认同这种战术思想，因此订购了 436 辆 "勒克莱尔" 主战坦克，使法国可以有效地降低单位平均成本。1990 年，"勒克莱尔" 主战坦克正式服役，自服役后未参与过大规模武装冲突或战争，但曾参与过联合国在科索沃和黎巴嫩南部的维和行动。

"勒克莱尔" 主战坦克在城市中行驶

主体结构

"勒克莱尔" 主战坦克的车体为箱形可拆卸式结构，炮塔和外壳采用焊接钢板外挂复合装甲式设计，可以轻松地升级或更换装甲块。驾驶舱在车体左前部，车体右前部储存炮弹，车体中部是战斗舱，动力传动舱在车体后部。样车炮塔带有尾舱，安装在车体中部上方。箱形可拆卸式结构、以陶瓷为基本材料的复合装甲以及低矮扁平的炮塔外形，使 "勒克莱尔" 主战坦克抵御动能穿甲弹的能力比采用等重量普通装甲的坦克提高 1 倍。车体正面可防御从左右 30 度范围内发射来的尾翼稳定脱壳穿甲弹。

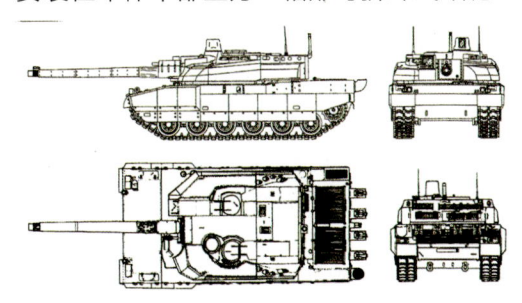

"勒克莱尔" 主战坦克三视图

作战性能

"勒克莱尔"主战坦克使用法国地面武器工业集团制造的 120 毫米 CN120-26 滑膛炮,并且能够与美国 M1 "艾布拉姆斯"主战坦克和德国"豹2"主战坦克通用弹药。该坦克炮配有自动装弹机(装弹速度约为 12 发/分),因此减少了 1 名乘员。"勒克莱尔"主战坦克的火控系统比较先进,使其具备在 50 千米/小时的行驶速度下命中 4000 米以外目标的能力。该坦克的辅助武器为 1 挺 7.62 毫米高射机枪和 1 挺 12.7 毫米并列机枪。

"勒克莱尔"主战坦克停靠在野外

趣闻逸事

"勒克莱尔"主战坦克的名称是为了纪念法国名将菲利普·勒克莱尔元帅,他在解放巴黎时在巴黎的"自由法国"第二装甲师担任师长一职。

"勒克莱尔"主战坦克前方特写

Chapter 02　主战坦克

"勒克莱尔"主战坦克进行越障测试

TOP5 英国"挑战者 2"主战坦克

"挑战者 2"（Challenger 2）主战坦克由英国原阿尔维斯·维克斯公司（现已被 BAE 系统公司收购）生产。

排名依据："挑战者2"主战坦克性能优异，它曾用穿甲弹在5300米距离外击毁一辆伊拉克陆军的T-62主战坦克，创下坦克最远击毁的世界纪录。"挑战者2"曾经在2003年的美伊战争中执行维和任务。英国陆军第一装甲师旗下的第七装甲旅就在行动中使用了120辆"挑战者2"主战坦克。在巴士拉的攻防战中，"挑战者2"主战坦克为英国军队提供了强大的火力支援。

"挑战者2"主战坦克侧方特写

建造历程

"挑战者2"主战坦克是英国第三种以"挑战者"命名的坦克，第一种是二战时期的"挑战者"巡航坦克，第二种是"挑战者1"主战坦克。"挑战者2"是从"挑战者1"衍生而来的，但两者仅有5%的零件可以通用。"挑战者2"主战坦克于1993年开始生产，首车于1994年3月完工，1998年开始进入英国军队服役。自1993年开始生产以来，"挑战者2"主战坦克一共生产了约446辆，其中英国陆军装备408辆，阿曼陆军装备38辆。

迷彩涂装的"挑战者2"主战坦克

"挑战者2"主战坦克前侧方特写

主体结构

"挑战者2"主战坦克延续"挑战者1"主战坦克重视防护力的思维，大量使用英国开发的第二代"乔巴姆"复合装甲，并增加衰变铀装甲板夹层增强对动能穿甲弹的防护力，内侧则增设"凯夫拉"内衬防止破片杀伤乘员。以往坦克车长只拥有广角的搜索瞄准具，而"挑战者2"主战坦克开创性地为车长配备了独立的搜索标定瞄准具，大大提高了接战效率。

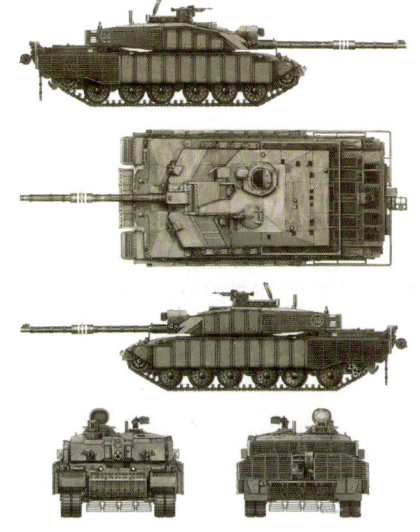

"挑战者2"主战坦克三视图

作战性能

"挑战者2"主战坦克的防护力极强，有在近距离遭遇战中遭到8枚RPG火箭弹、2枚"米兰"反坦克导弹以及无数小口径火炮轰击后安然撤出战区并修复使用的纪录。该坦克在炮塔两侧各有一组五联装L8烟幕弹发射器，还可以通过向发动机废气中喷射柴油产生大量的烟雾。"挑战者2"主战坦克的主炮是BAE系统公司皇家军械分部制造的L30A1型120毫米线膛炮，该主炮也曾在"挑战者1"和"酋长"坦克上使用。

正在开火的"挑战者2"主战坦克

趣闻逸事

"挑战者2"主战坦克在IOS手机游戏《钢铁力量》(Iron Force)中为级别5坦克,代号"孔雀"。"挑战者2"主战坦克曾在伊拉克战争中大量使用,特别是在巴士拉战役中,"挑战者2"主战坦克击毁伊军坦克70多辆,己方无一伤亡。

"挑战者2"主战坦克炮管特写

TOP4 以色列"梅卡瓦"主战坦克

"梅卡瓦"(Merkava)是以色列国防军装备的自主生产的主战坦克,目前一共发展了四代。

排名依据："梅卡瓦"亲历了以色列的多次冲突,是当今世界经历实战次数最多的主战坦克。在吸取实战经验的基础上,以色列军队确立了"以防护为基础、保护乘员为中心"的设计理念。"梅卡瓦"主战坦克在研制初期便确定其三大性能次序是防护、火力和机动性。先防护、后火力、再机动的原则,使"梅卡瓦"主战坦克成为最重视防护和生存性能的一种主战坦克,号称是世界上"防护性最好的坦克"。

俯冲向山地的"梅卡瓦"主战坦克

建造历程

"梅卡瓦"主战坦克的研制最早可以追溯到1970年,当时以色列召开了由财政部长主持的,国防部、财政部以及其他相关人士参与的会议,决定自主研制第一款主战坦克。1979年,第一辆"梅卡瓦"主战坦克交付以色列国防军,全重达63吨,是当时世界上最重的主战坦克,也是当时世界上防护能力最强的主战坦克,其后投入大量生产。由于以色列处在世界热点地区之一的中东,"梅卡瓦"主战坦克曾参与多次武装冲突。在1982年的黎以冲突中,"梅卡瓦"主战坦克以较小的代价击毁叙利亚19辆T-72主战坦克。"梅卡瓦"Mk2坦克于1983年12月交付以色列陆军,"梅卡瓦"Mk3型坦克于1987年投产。2002年6月,以军又公开展示了新研制的"梅卡瓦"Mk4型坦克。

急速行驶中的"梅卡瓦"主战坦克

主体结构

"梅卡瓦"的车体是铸造的,车体前方焊接有良好的防弹形状的装甲板,右边比左边高些。这一层铸造装甲后面有一个空间,中空装甲,可填充稳定性好和惰性高的柴油,其后是另一层装甲,这样的结构使该坦克有较好的防破甲弹和反坦克导弹的能力。该坦克的车内布置与普通炮塔式坦克不同,战斗舱在车体的中部和后部,驾驶舱在车体前左,车体前右是动力舱。车体后面开有3个门,左边是1个电瓶装卸门,右边是1个三防装置保养门,中间1个门有上下两扇,上扇向上翻,下扇向下翻,可以从车外开启,但车内设有闭锁装置。中间门主要供装卸炮弹和运送伤员,门上有1个容积为60L的饮用水箱。

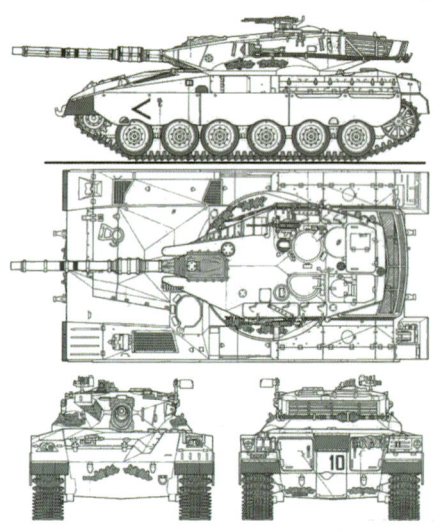

"梅卡瓦"主战坦克三视图

作战性能

"梅卡瓦"Mk1、Mk2型坦克的主要武器是一门M68型105毫米线膛坦克炮,由美国授权以色列军事工业公司生产,炮管上装有热护套。该火炮可以发射北约标准型105毫米破甲弹和碎甲弹,以色列军事工业公司还为此炮研制了M111式尾翼稳定脱壳穿甲弹,初速为1465米/秒,直射距离达1600米,有1个直径较小的全钨弹芯和1个滑动弹带,弹丸飞行速度较小,性能优于美国M735式尾翼稳定脱壳穿甲弹。"梅卡瓦"主战坦克非常注重防护性能,其中防护部分的重量占到整车重量的75%,相较其他坦克的50%要高出不少。

正在开火的"梅卡瓦"主战坦克

Chapter 02　主战坦克

趣闻逸事

在近一二十年的巴以冲突中，以色列军方常常出动"梅卡瓦"主战坦克与直升机配合作战，搞一些"定点清除行动"，这种"杀鸡用牛刀"的战法，使巴勒斯坦的哈马斯组织等损失惨重。不过，"梅卡瓦"主战坦克也并不是战无不胜、无坚不摧的。2003年在加沙地区就发生了两起"梅卡瓦"Mk 3型坦克被摧毁的事件。哈马斯组织巧妙地在"梅卡瓦"主战坦克必经之地布设了100千克以上的炸药，将两辆"梅卡瓦"Mk 3型坦克炸毁。这说明，号称世界上"防护性最好的坦克"也是可以被击毁的。

"梅卡瓦"主战坦克侧面

TOP3 俄罗斯 T-90 主战坦克

T-90是俄罗斯陆军最新型的主战坦克，是加入更多T-80功能概念的T72升级版。

39

排名依据： T-90 主战坦克是俄罗斯陆军最主要的现役主战坦克，125 毫米主炮拥有强大的火力。T-90 坦克使用的是经济性更好的柴油机，这就比 T-80y 坦克极其昂贵的燃气轮机要优越。从 1994 年开始小批量生产装备俄陆军起，T-90 主战坦克即在不断改进和提高。目前至少已有两种变型坦克，即 T-90S 和 T-90A，预计未来几年还会有新改进型出现。T-90 主战坦克及其改进型坦克很可能成为俄陆军 2000—2020 年的主要作战装备，T-64、T-72、T-80 和 T-90 坦克将并存。但为简化后勤装备，T-90 的比重会越来越大。

T-90 主战坦克在浅滩上行驶

建造历程

　　T-90 主战坦克于 20 世纪 90 年代初开始研制，最初是作为 T-72 的一种改进型，代号 T-72BY。由于使用了 T-80 主战坦克的部分先进技术，性能有了很大提升，于是重新命名为 T-90。T-90 坦克的命名延续了俄罗斯（苏联）其他坦克的命名方式，即 T 加数字。目前，T-90 坦克有 T-90A、T-90E、T-90S、T-90SK 等多种衍生型号。

俄罗斯陆军装备的 T-90 主战坦克

T-90 主战坦克参加阅兵

主体结构

　　T-90 主战坦克的炮塔位于车体中部，动力舱后置。通常在车尾装有自救木和附加油箱。发动机排气口位于车体左侧最后一个负重轮上方。炮塔为球形,顶部右侧装有一挺 12.7 毫米高射机枪。炮塔后部两侧安装有烟雾弹发射器。125 毫米主炮两侧各有 1 个"窗帘"光电防御系统的箱式传感器。车体两侧各有 6 个负重轮,主动轮后置,诱导轮前置。行动装置上部遮有侧裙板,裙板靠车前端部分装有附加的大块方形装甲板。

自救木是绑在坦克和履带式装甲车后面的圆木,当坦克在战斗中陷入泥潭和沟壑时,自救木会帮助坦克迅速脱离险境。

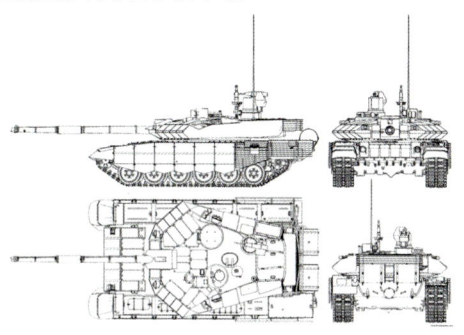

T-90 主战坦克三视图

作战性能

T-90 主战坦克采用 125 毫米 2A46M 滑膛炮,配有自动装填机。该主炮可以发射多种弹药,包括尾翼稳定脱壳穿甲弹、破甲弹和杀伤榴弹,其中尾翼稳定脱壳穿甲弹的型号为 3VBM17,该弹在 1000 米距离上发射角度 60 度的情况下的穿甲厚度超过 250 毫米。为了弥补火控系统与西方国家的差距,T-90 主战坦克还可发射 AT-11 反坦克导弹。该导弹在 5000 米距离上的穿甲厚度可达 850 毫米,而且能攻击直升机等低空目标。T-90 主战坦克的辅助武器为一挺 7.62 毫米并列机枪和一挺 12.7 毫米高射机枪,其中 7.62 毫米并列机枪备弹 7000 发,12.7 毫米高射机枪备弹 300 发。

T-90 主战坦克参加任务训练

趣闻逸事

人们对 T-90 主战坦克的结构在认识上一直颇为混乱。T-90 坦克的外形几乎同 T-72BM 坦克（它也装有"接触"-5 爆炸反应装甲）一模一样，有些俄罗斯出版物有时会误将 T-72BM 坦克的照片标为 T-90。

T-90 主战坦克前侧方特写

TOP2 德国"豹2"主战坦克

"豹2"（Leopard 2）主战坦克由德国克劳斯－玛菲·威格曼公司设计，至今仍不断地推出改进型以满足不同的需求。

排名依据："豹2"被公认是当今性能最优秀的主战坦克之一，现已被近 20 个国家采用。它曾多次在加拿大陆军杯（CAT）比赛中夺冠，其设计思想影响了多个国家主战坦克的设计。

Chapter 02　主战坦克

建造历程

"豹 2"主战坦克是前联邦德国在 20 世纪 70 年代研制的主战坦克,其技术源于前联邦德国和美国的 MBT-70 坦克研制计划。1970 年,MBT-70 计划因达不到两国军方的要求而流产,前联邦德国在该计划的设计基础上重新设计了车体、炮塔和火炮,发展成为"豹 2"主战坦克。除德国外,土耳其、奥地利、新加坡、西班牙、瑞典、瑞士、智利、加拿大、丹麦、芬兰、希腊、荷兰、挪威等国均采用了"豹 2"坦克。

"豹 2"主战坦克前方特写　　　　西班牙的豹 2E 主战坦克

主体结构

"豹 2"主战坦克的车体由间隙复合装甲制成,分成 3 个舱:驾驶舱在车体前部,战斗舱在中部,动力舱在后部。驾驶员位于车体右前方,有一个向右旋转开启的单扇舱盖和三具观察潜望镜,其中中间一具潜望镜可以更换成被动夜视潜望镜。驾驶舱左边的空间储存炮弹。炮塔在车体中部上方,车长和炮长位于右边,装填手拉于左边。炮塔后部有一个可储存一部分炮弹的大尾舱。炮塔顶上有两个舱盖,右边一个是车长舱盖,左边一个为装填手舱盖。炮塔左边有一个补给弹药用的窗口。

43

作战性能

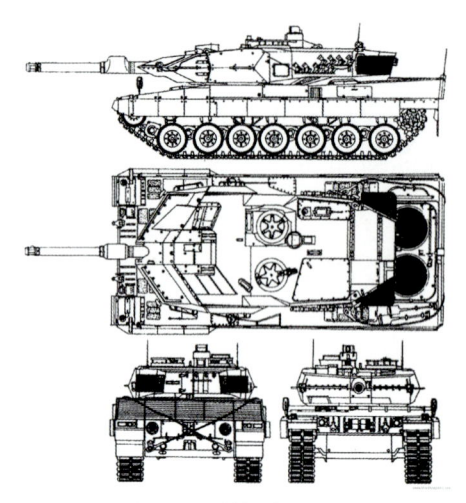

"豹2"主战坦克三视图

"豹2"主战坦克的辅助武器为一挺7.62毫米并列机枪和一挺7.62毫米高射机枪，并列机枪射速为1200发/分，高射机枪高低射界为-10度到+75度，两挺机枪一共备弹4750发。在"豹2"主战坦克的炮塔侧后部还安装有八联装烟幕发射器，两侧各一组。该坦克的车体和炮塔采用的是间隙复合装甲，车体前端为尖角形，并对侧裙板进行了增强。炮塔外轮廓低矮，具有较强的防弹性，主炮弹药存储于炮塔尾舱，并用气密隔板将其和战斗舱隔离开。

"豹2"主战坦克在雪地中行驶

趣闻逸事

"豹2"主战坦克曾在科索沃战争中亮相，当时德国的科索沃特遣队有不少"豹2"A4型和"豹2"A5型。该坦克真正参加实战行动是在阿富汗，加拿大和丹麦都在阿富汗部署了"豹2"主战坦克。在2007年11月的一次攻击行动中，一辆加拿大的"豹2"A6M坦克被地雷命中，但是并没有造成乘员伤亡。

Chapter 02　主战坦克

急速行驶的"豹2"主战坦克

TOP1 美国 M1"艾布拉姆斯"主战坦克

　　M1"艾布拉姆斯"（Abrams）主战坦克由美国克莱斯勒汽车公司防务部门设计和生产。

　　排名依据：美国陆军和美国海军陆战队现役唯一的主战坦克，性能优异且产量极大。M1 主战坦克拥有 27.5 的超高推力重量比，公路行驶速度

45

可达 67 千米/时，加速度与越野机动力也是美国上一代主战坦克望尘莫及的。M1 在 1991 年的海湾战争经由沙特阿拉伯初次投入战场，性能胜过其对手伊拉克所配备的苏联制造的 T-72、T-62 和 T-55 坦克。

M1"艾布拉姆斯"主战坦克前方特写

建造历程

M1 主战坦克的研制源于 20 世纪 60 年代美国和前联邦德国的 MBT-70 坦克研制计划，MBT-70 计划流产后，美国克莱斯勒公司和通用公司便以 MBT-70 计划积累的技术进行研发。原型车于 1976 年制造完成，在经过 3 年的测试后开始量产，并于 1980 年装备美国陆军，之后该坦克不断加以改进，诞生了 M1A1、M1A2 等型号。M1 主战坦克自诞生以来参与了多次局部战争和武装冲突，包括 1991 年的海湾战争、2001 年的阿富汗战争和 2003 年的伊拉克战争等。除美国外，M1 主战坦克还出口到澳大利亚、埃及、伊拉克、科威特和沙特阿拉伯等国。

M1 主战坦克执行作战任务

Chapter 02　主战坦克

▶ 主体结构

　　M1 主战坦克的炮塔为钢板焊接制造，构型低矮而庞大，装甲厚度从 12.5 毫米到 125 毫米不等，正面与侧面都设有倾斜角度来增加防护能力，故避弹能力大为增强，而全车体除了三个铸造部件外，其余部位都采用钢板焊接而成。此外，车头与炮塔正面加装了陶瓷复合装甲。

　　M1 主战坦克的人员编制为典型的 4 名乘员，包括车长、驾驶、炮手与装填手。炮塔内可容纳 3 名乘员，其中车长与炮手位于主炮右侧，装填手在主炮左侧，炮手席位于车长席的前下方。车长席设有 1 个低矮的观测塔，可 360 度旋转，上有 6 具潜望镜，前方设有 1 个机枪架。装填手顶部的舱盖上装有 1 具可旋转的潜望镜，舱口装有 1 个环形枪架。车内通信电台安装在左侧炮塔内壁，由装填手操作，两根电台天线以及横风传感器都安装在炮塔后段上方。

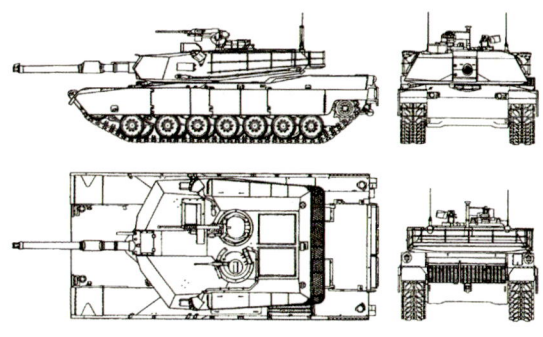

M1 主战坦克三视图

▶ 作战性能

　　M1 主战坦克的辅助武器为一挺 12.7 毫米机枪和两挺 7.62 毫米并列机枪，其中 12.7 毫米机枪安装于电动旋转平台上，既可手动操作也可电动操作，但 M1A2 之后的型号则只能手动操作。此外，炮塔两侧还装有八联装 L8A1 烟幕榴弹发射器。

正在开火的 M1 主战坦克

47

趣闻逸事

　　M1 主战坦克的名称源于美国著名的坦克部队指挥官克莱顿·艾布拉姆斯（Creighton Abrams）将军。在二战期间，他两次获得了杰出服役十字勋章。乔治·巴顿曾对他有以下评价："我原本应是美国陆军最佳战车指挥官的，但我有了这个同僚——艾布拉姆斯，他根本就是世界第一。"二战后，艾布拉姆斯曾担任美国陆军参谋长。

M1 主战坦克炮管特写

步兵战车

▸▸ Chapter 03

TOP 10

　　步兵战车是供步兵机动作战用的装甲战斗车辆，在火力、防护力和机动性等方面都优于装甲人员输送车，并且车上设有射击孔，步兵能乘车射击。步兵战车主要用于协同坦克作战，其任务是快速机动步兵分队，消灭敌方轻型装甲车辆、步兵反坦克火力点、有生力量和低空飞行目标。本章将详细介绍步兵战车建造史上影响力最大的十种型号，并根据综合性能、作战影响以及威力大小等因素进行客观公正的排名。

整体展示

建造数量、服役时间和研制厂商

TOP10 日本89式步兵战车

建造数量	68辆
服役时间	1989年至今
三菱重工	三菱重工是日本综合机械机器厂商，也是日本最大的国防工业承包商，为三菱集团的旗下企业之一。其业务范围相当广泛，涵盖交通运输、铁路车辆、武器、军事装备、船舶、电动马达、发动机、航空太空、能源、空调设备以及其他各种机械设备的生产制造

TOP9 瑞典CV-90步兵战车

建造数量	1000辆以上
服役时间	1993年至今
BAE系统公司	BAE系统公司是1999年11月由英国航空航天公司(BAE)和马可尼电子系统公司(Marconi Electronic Systems)合并而成的。2000年，在世界100家最大军品公司中居第三位

TOP8 意大利"达多"步兵战车

建造数量	200辆以上
服役时间	1998年至今
奥托·梅莱拉（OTOMelara）公司	奥托·梅莱拉公司是意大利的武器制造商，成立于1905年，主要工厂在布雷西亚及拉斯佩齐亚，从一战、二战直至现今生产了许多军备

TOP7 英国FV510"武士"步兵战车

建造数量	1000辆以上
服役时间	1988年至今
GKN桑基防务公司	GKN桑基防务公司（GKN Sankey Defence）是FV510的主承包商，后被BAE系统公司并购

◆ Chapter 03 步兵战车

TOP6 法国 AMX-10P 步兵战车	
建造数量	1600 辆以上
服役时间	1973 年至今
AMX 制造厂	AMX 制造厂是法国著名的军器制造商，生产了诸多 AMX 系列战车

TOP5 美国 AIFV 步兵战车	
建造数量	1000 辆以上
服役时间	1977 年至今
食品机械化学公司军械分部	食品机械化学公司军械分部现为 BAE 陆地系统公司，是全球第三大防务公司，提供一系列产品的空中、陆地和海上武装力量

TOP4 德国"美洲狮"步兵战车	
建造数量	400 辆以上
服役时间	2009 年至今
"美洲狮"系统与管理公司	"美洲狮"系统与管理公司由克劳斯－玛菲·威格曼公司和莱茵金属公司地面系统分部联合成立，简称 PSM 公司

TOP3 俄罗斯 BMP-3 步兵战车	
建造数量	2000 辆以上
服役时间	1987 年至今
库尔干斯基汽车厂	库尔干斯基汽车厂是俄罗斯陆上车辆制造商，于 1993 年因生产 BMP-3 步兵战车而闻名

TOP2 法国 VBCI 步兵战车	
建造数量	600 辆以上（计划）
服役时间	2008 年至今
地面武器工业集团（GIAT）	GIAT 是历史悠久的法国军火制造商，又称伊西莱姆利罗公司，其前身可追溯到 1690 年。当时波旁王朝国王路易十四在小镇图尔设立兵工厂，从事王家军队的武器生产。其总部设在巴黎郊外的布尔歇
雷诺公司	雷诺公司（Renault S.A.）是一家法国车辆制造商，生产的车辆种类有赛车、小型车、中型车、休旅车、大型车（包含卡车和工程用车及巴士）等

TOP1 美国 M2 "布莱德利" 步兵战车	
建造数量	2000 辆以上
服役时间	1983 年至今
BAE 系统公司	BAE 系统公司是 1999 年 11 月由英国航空航天公司 (BAE) 和马可尼电子系统公司 (Marconi Electronic Systems) 合并而成的。2000 年，在世界 100 家最大军品公司中居第三位

主体尺寸

1 TOP10 日本 89 式步兵战车

高度 2.5 米
长度 6.7 米
宽度 3.2 米

2 TOP9 瑞典 CV-90 步兵战车

高度 2.8 米
长度 6.8 米
宽度 3.2 米

3 TOP8 意大利 "达多" 步兵战车

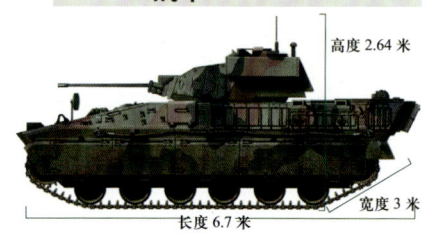

高度 2.64 米
长度 6.7 米
宽度 3 米

4 TOP7 英国 FV510 "武士" 步兵战车

高度 2.8 米
长度 6.3 米
宽度 3.03 米

Chapter 03　步兵战车

5　TOP6　法国 AMX-10P 步兵战车

高度 2.57 米
宽度 2.78 米
长度 5.79 米

6　TOP5　美国 AIFV 步兵战车

高度 2.8 米
宽度 2.8 米
长度 5.3 米

7　TOP4　德国"美洲狮"步兵战车

高度 3.05 米
长度 7.33 米
宽度 3.43 米

8　TOP3　俄罗斯 BMP-3 步兵战车

高度 2.4 米
长度 7.14 米
宽度 3.2 米

9　TOP2　法国 VBCI 步兵战车

高度 3 米
宽度 2.98 米
长度 7.6 米

10　TOP1　美国 M2 "布莱德利"步兵战车

高度 2.98 米
长度 6.55 米
宽度 3.6 米

53

基本战斗性能对比

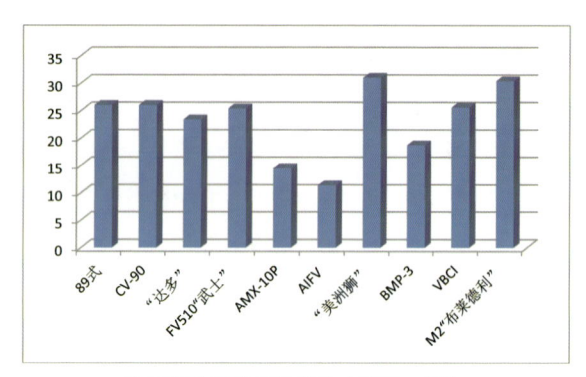

步兵战车重量对比图（单位：吨）

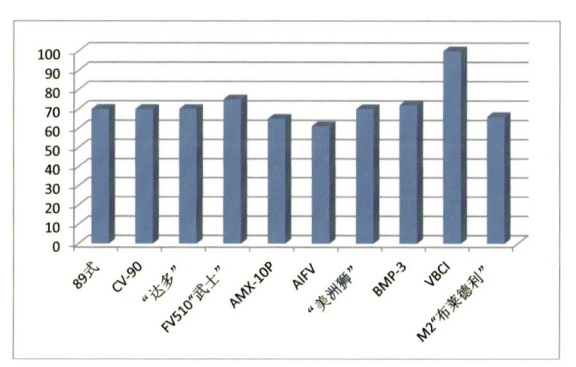

步兵战车速度对比图（单位：千米/时）

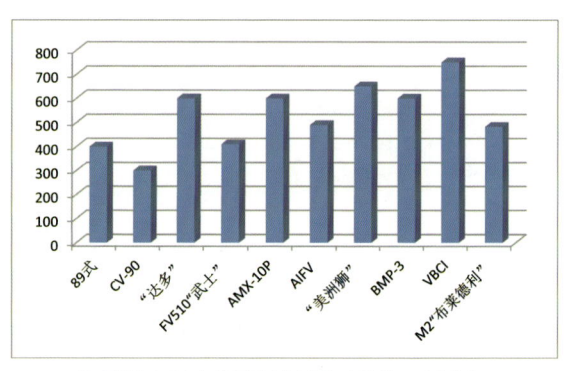

步兵战车最大行程对比图（单位：千米）

Chapter 03　步兵战车

TOP10　日本 89 式步兵战车

89 式步兵战车是日本于 20 世纪 80 年代研制的第三代履带式装甲战车，是 21 世纪初日本陆上自卫队的主要装备。

排名依据：89 式步兵战车是日本陆上自卫队搭配坦克使用的步兵战斗车，兼具武器和装甲，是日本第一种步兵战斗车和第三代装甲车，也是目前唯一服役的步兵战车。89 式步兵战车综合性能指标没有太大的缺陷，火力与机动能力可圈可点，与西方同类步兵战车的能力相比基本持平，唯独防护能力过于低下，这恐怕也是制约 89 式步兵战车成为同类战车中佼佼者的因素。

89 式步兵战车侧面特写

55

建造历程

1981 年，日本防卫省提供了发展车体和炮塔样机的资金。1984 年，日本投入 6 亿日元用于发展 4 辆新式履带式步兵战车。经过样车试验阶段，新式步兵战车定名为 89 式步兵战车。1989 年，日本陆上自卫队开始采购 89 式步兵战车，因为价格昂贵没有能够大规模生产，但是采购数量却在逐渐增加。按原计划，在 20 世纪末为日本陆上自卫队批量生产超过 300 辆 89 式步兵战车，能够基本满足需求。

二战后，日本共发展了三代履带式装甲战车。第一代是 60 式装甲输送车，第二代是 73 式装甲输送车，第三代便是 89 式步兵战车。日本的军事技术较为发达，从第二代装甲车起就运用了一些新技术，到第三代装甲车则运用了更多成熟的技术。日本人自诩 89 式步兵战车为"世界第一流的"装甲战车，但也有人称其为"世界上最昂贵的"装甲战车。

正在开火的 89 式步兵战车

主体结构

89 式步兵战车的车体、炮塔由装甲板焊接而成，能够抵御轻武器以及炮弹弹片的攻击。为了对付空心装药破甲弹，车体前部和炮塔采用了间隔装甲，车体侧面装有用普通材料制成的很薄的侧裙板，侧裙板前后开有 4 个蹬脚口，方便成员上下。车体外形采用倾斜式设计以达到更好的防弹效果，前部上装甲的斜面非常低且平滑，前部车顶中央设置了用于动力传动装置的检查窗，左侧有冷却空气进气口。前部下装甲的倾斜角度较小，左右挡泥板上装有前大灯，包括方向指示器、白炽灯和红外线灯。车体前部左侧有百叶窗式发动机排气口，在相邻位置有进气口，供中冷器和涡轮增压器使用。

Chapter 03　步兵战车

右侧驾驶室前后设置了驾驶员副班长座椅，驾驶员舱口上装有 3 具潜望镜，副班长舱口处有 2 具，后者座椅右侧还设置了向车体斜前方射击的射击孔。

车体后部的载员室可容纳 6 名士兵，共有 6 具潜望镜供载员使用，保证了士兵的外部视场。载员室上面有开向左右两侧的舱盖，士兵可探身车外进行压制周围火力的战斗，但是这样会妨碍大型炮塔的转动，限制其使用。

在泥地中行驶的 89 式步兵战车

作战性能

89 式步兵战车的主要武器是瑞士厄利空公司生产的 KDE 35 毫米机关炮，由瑞士直接提供技术，在日本按许可证自行生产。该炮与 87 式自行高炮及 L90 牵引式高射机关炮上使用的 KDA 35 毫米机关炮属于同一系列，在降低重量的同时，射速也降低到 200 发 / 分，身管为 90 倍口径，重量为 51 公斤，不仅可以对地面目标射击，还可对空射击，但是由于没有配备有效的瞄准装置，仅限于自卫作战。

89 式步兵战车的武器配置是由其相对较为特殊的运用思想决定的。

57

当时，为了与严重威胁北海道的苏联装甲部队配备的 BMP-1 步兵战车和 BMP-2 步兵战车相对抗，89 式步兵战车选择了旨在对抗 BMP 的武器系统。考虑到作战对象所采用的武器为 73 毫米低压炮（BMP-1）以及 30 毫米机关炮和反坦克导弹（BMP-2），89 式步兵战车也许称得上是一种最佳车辆。

编队行驶的 89 式步兵战车

趣闻逸事

89 式步兵战车均服役于陆上自卫队第 7 师团第 11 普通科连队第 1・3・5 中队、战车教导队普通科教导连队第 1 中队（改编第五中队）。其他还有北部方面教育连队普通科教育中队和陆上自卫队武器学校也有少数配备。

Chapter 03　步兵战车

TOP9　瑞典 CV-90 步兵战车

　　CV-90 步兵战车是瑞典于 1978 年研制的装甲战斗车辆，此后又在此基础上发展了多种变形车，形成 CV-90 履带式装甲战车系列。

　　排名依据： CV-90 步兵战车具有良好的战术机动性，适合在瑞典北部严寒、深雪、薄冰和沼泽地带作战；能较好地打击装甲目标；具有防空能力。车体前部能防御 30 毫米炮弹，车体底部能防御地雷；具有一定的战略机动性，能用铁路和民用平板卡车运输，能否进行空运则暂未确定；易于保养维修，具有发展潜力。

CV-90 步兵战车在公路上行驶

59

建造历程

由于瑞典国内高原、丘陵地带众多，各种湖泊、湿地遍布，地理和地形环境非常复杂，为了满足作战需要，瑞典军方在 1978 年决定研制一种供军方在 21 世纪初期使用的步兵战车。20 世纪 90 年代初"冷战"结束后，爆发大规模战争的可能性越来越小，取而代之的是小规模的地区冲突，于是更加速了 CV-90 装甲车的研制进程。时至今日，它已发展出由 3 代步兵战车和多种变形车组成的 CV-90 履带式装甲战车系列。

CV-90 步兵战车在雪地中行驶

主体结构

CV-90 系列步兵战车驾驶舱位于左前方，动力舱在右方，中间为双人炮塔，载员舱在尾部。驾驶员的前面有 3 个潜望镜，中间 1 个可换成被动式夜间驾驶仪。为了增大内部空间，大多数出口型车辆尾部载员舱的车顶都设计得稍高。如有需要，该系列战车的总体布置可根据用户要求定制。

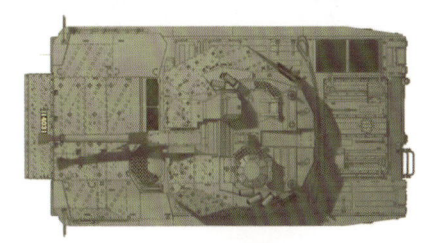

Chapter 03　步兵战车

作战性能

CV-90 步兵战车的双人炮塔采用电液驱动，经过 40/70B 式 40 毫米机关炮与以色列工业公司和意大利奥托·梅莱拉公司的 60 毫米超速炮对比试验后决定先用 40/70B 式机关炮，该炮重 615 千克，是以博福斯公司口径的牵引式高炮为基础研制的，两者的不同之处是，牵引式高炮用 4 发弹匣从顶部装弹，废弹壳从炮前的斜槽抛出；40/70B 机关炮则从炮闩下面的弹仓装弹，废弹壳通过炮塔顶部抛壳窗抛出。炮闩下面一共有 3 个弹匣，每个弹匣分 3 节，每节可装 8 发，能装不同的弹种并可通过液压装置变换弹种。每个弹匣均用人工装弹，每装完 8 发的时间为 20 秒。其余备份弹均在炮塔底部存放。弹药基数为 240 发，可单发、点射或连发。配用的弹种有打击飞机和直升机的近炸引信预制破片榴弹，打击地面目标的曳光榴弹和曳光穿甲弹，初速均为 1025 米/秒。

CV-90 步兵战车三视图

士兵使用 CV-90 步兵战车参与作战

趣闻逸事

有报道称,2010年6月11日英国BAE系统公司全球作战系统分部推出了CV-90"犰狳"装甲人员输送车,瑞典CV-90履带式装甲战车族型是CV-90车族的最新变型车,于2010年法国巴黎举办的萨托里防务展上首次对外展出。

经过简单伪装的CV-90步兵战车

TOP8 意大利"达多"步兵战车

"达多"(Dardo)是意大利在VCC-80步兵战车基础上改进而来的步兵战车。

Chapter 03　步兵战车

排名依据："达多"步兵战车以其精湛的设计和优良的性能使意大利陆军终于拥有了同西方盟国同等水平的步兵战车。"达多"的综合作战能力和技术先进程度已经达到了目前世界最先进的步兵战车水平。更值得称道的是,"达多"步兵战车采用的是已经成熟的技术,没有应用多少超前的设计,可见意大利在系统整合能力上功夫之深。目前奥托·梅莱拉和依维柯·菲亚特仍在对"达多"进行更深入的研究开发,以求进一步提高其性能。

"达多"步兵战车参与作战训练

建造历程

20世纪80年代初,意大利提出陆军主战装备发展计划,准备在20世纪90年代换装一批世界领先的装甲车辆。其中,最早提出的是VCC-80步兵战车发展计划,但由于苏联解体后国际形势的变化,加上研制经费短缺,该计划被迫停止。20世纪90年代中期,VCC-1/2步兵战车过于老旧,意大利才重新开始新型步兵战车的研制,在VCC-80的基础上进行了很多修改,最终命名为"达多"步兵战车。

急速行驶中的"达多"步兵战车

63

主体结构

"达多"步兵战车车体中部为战斗室,上面安装有双人炮塔,车长位于炮塔下方战斗室左侧,炮长位于右侧。车体后部为乘员舱,舱内可乘坐6名步兵,6个座位分3排布置,每排2个。在乘员舱的顶部还开有一个长方形舱口,可供载员进出或战斗。车后尾门采用了与M113A1相同的设计,由液压控制,放下后即成为一个供载员进出的跳板。在尾门跳板上还开有一扇小门,当跳板控制失灵或因其他原因放不下时,乘员可通过此门上下车。

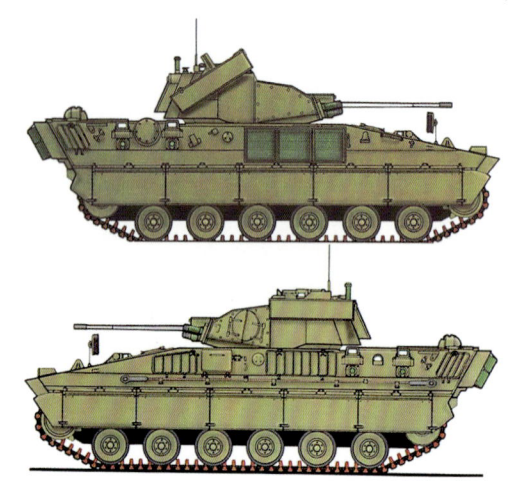

"达多"步兵战车示意图

作战性能

"达多"步兵战车上装有一座由奥托·梅莱拉公司生产的新型HITFIST焊接炮塔,其战斗全重从原来的3100千克降低到2850千克,炮塔除采用铝合金和附加钢装甲外,还应用了复合材料,可防御100米外12.7毫米穿甲弹和155毫米榴弹破片的打击。该炮塔还有较好的隐身能力,由于采用了楔形设计,正面投影小,再加上炮塔高度降低,因此不易被对方探测到。

目前"达多"步兵战车上的主炮采用的是一门厄立孔·比埃勒公司研制的KBA-BO2型25毫米80倍径机身关炮,采用双向弹链供弹,可发射脱壳穿甲弹和榴弹,战斗射速600发/分,弹药基数400发,其中待发弹200发。在主炮旁边有一挺7.62毫米的MG 42/59并列机枪,弹药基数1200发,其中待发弹 700 发。这两种武器发射后的空弹壳从炮塔侧面的圆形抛壳口抛向车外，因此在炮塔内没有硝烟和空弹壳的积存，给乘员提供了一个较好的战斗环境。

"达多"步兵战车被部署在战场协同士兵作战

趣闻逸事

"达多"以及在其之前服役的 C1 坦克和 B1 坦克歼击车让意大利陆军的装甲武器在很短时间内摘掉了陈旧落后的帽子，一跃成为拥有世界一流装甲车辆的陆军，其厚积薄发的力量令人刮目相看。

"达多"步兵战车前侧方特定

TOP7 英国FV510"武士"步兵战车

FV510步兵战车（FV510 Warrior），计划名为"80年代机械化战车"（MCV-80），是英国陆军主要的履带式装甲战斗车辆之一。

排名依据： FV510拥有核生化防护能力，核生化防护系统为全车加压式，并考虑到长时间作战下的人员需求；车内的弹药、粮食、饮水以及相关后勤物资足够让乘员在核生化环境中密闭于车内作战48小时。此外，FV510步兵战车的正面、侧面与侧裙还能进一步加挂附加装甲，以提供更强的防护能力；20世纪七八十年代步兵战车的潮流是加装射口，让步兵能在车内射击，但为了强化防护、避免减损车体，战士型并没有采用这样的设计，而日后西方步兵战车也为了强化防护而逐步取消了射口。

行驶中的FV510步兵战车

Chapter 03　步兵战车

建造历程

苏联在 20 世纪 60 年代推出了火力强大、能有效伴随步兵作战的 BMP-1 步兵战车，在世界引发震撼与争相效仿之际，作风较为保守的英国并没有立刻跟进。1967 年，英国陆军考虑规划开发新一代的装甲运兵车以取代原有的 FV-4030 装甲车。1972—1976 年完成初步的方案论证，并拟定出研发计划。1977 年，英国国防部选定由 GKN 桑基防务（GKN Sankey Defence，后被 BAE 并购）作为主承包商，并由该公司负责进行第二阶段的研发。与此同时，美国推出了 XM-2 布莱德利步兵战车，1978 年，英国军方考察了美国的 XM-2 步兵战车，并进行了多项测试。随后，英国立刻调整研发方向，计划名称更改为 80 年代机械化战车（MCV-80）。

1979 年，英国军方与 GKN 正式展开 MCV-80 的研发工作，并开始进行几个原型的平台测试。1984 年，GKN 完成了 10 辆 MCV-80 原型车，并在波斯湾地区进行了沙漠环境的适应性测试。在沙漠环境下，MCV-80 总共累积了 850 千米的行驶里程，其中包括在两天时间内完成 650 千米的密集行驶测试，证实了此车良好的可靠性。1985 年，MCV-80 的研发测试告一段落，被英国国防部正式命名为"武士"（Warrior）；同年 6 月，英国军方和 GKN 签署"武士"的生产合约，当时订购的总数为 1048 辆，分 3 批交付，合约总值（包含零附件与训练项目）约 7.25 亿英镑。第一批 290 辆的量产战士型包括 170 辆步兵战车与 120 辆衍生型，于 1986 年 12 月开始交付，1987 年 5 月率先装备于英军驻德国莱茵部队。由于冷战结束，战士型的订单遭到删减，英军最终的装备数量为 789 辆，于 1995 年结束生产。

FV510 步兵战车前侧方特写　　　　FV510 步兵战车前方特写

67

主体结构

FV510步兵战车采用传统布局,驾驶舱位于车头左侧,其右为发动机舱,驾驶席设有3具潜望镜,中央的一具可加装星光夜视器,日后改成由美国休斯公司制造的AN/VAS-3驾驶用热影像仪(DTV);炮塔内有车长与炮手,车尾步兵舱内可容纳7名步兵,由车尾一扇向右开启的电动舱门进出;此外,步兵舱顶设有两扇分别向左、向右开启的舱门,步兵能露出上半身观测、射击或跳车,车体左侧还有一个宽而扁的舱门。

FV510步兵战车前侧面特写

作战性能

FV510步兵战车非常重视防护能力,车体基本上由铝合金装甲焊接而成,能抵挡14.5毫米穿甲弹的射击以及155毫米炮弹破片的攻击,车底也有强化抗雷设计,能抵挡9千克级地雷的威力。

FV510步兵战车车体中央有一具GKN-桑基(Sankey)开发的双人炮塔,水平回旋采用电力驱动;炮塔中央设有一门英国皇家武器研究发展机构(RARDEN)开发的L-21A1 30毫米机炮,口径与瑞士厄立孔KCB30×170毫米机炮相同,进弹单位为三联装弹匣,采用气体操作,以后坐力带动下一发炮弹上膛,具有单发、6连发等射击模式,战斗射速80发/分,最大有效射程4000米,能在1500米外击穿45度倾斜的40毫米厚钢甲。

Chapter 03　步兵战车

FV510 步兵战车在急速行驶中

趣闻逸事

　　FV510 步兵战车及其延伸型曾参与两次海湾战争以及科索沃、波斯尼亚维和任务，表现十分优异。在两次波斯湾战争期间，FV510 都在车体两侧加装了附加装甲，对于降低损伤与乘员伤亡帮助很大。在第一次海湾战争最后阶段的地面战斗中，英军第 7 装甲旅的 69 辆 FV510 在经过持续 96 小时、300 千米的长途行军后，全部能投入战斗，证实了在沙漠环境下的可靠性极高。

FV510 步兵战车参与作战任务

TOP6 法国 AMX-10P 步兵战车

AMX-10P 是法国 AMX 制造厂于 1965 年按法国陆军要求研制的步兵战车，用以取代老式的 AMX VCI 步兵战车。

排名依据： AMX-10P 的机动性与水上性能均表现良好。为便于在水上行驶，AMX-10P 车体后两侧各有 1 个喷水推进器，车体底部有两个排水泵，1 个在动力舱内，三防装置位于车体右侧，烟幕弹发射器每侧各有 2 具。从发展趋势看，现装的功率为 221 千瓦的发动机有可能被 257 千瓦的发动机取代，传动装置将被更新。

AMX-10P 步兵战车前方特写

Chapter 03　步兵战车

建造历程

　　AMX-10P 步兵战车是法国 AMX 制造厂于 1965 年按法国陆军要求研制的，用以取代老式的 AMX VCI 步兵战车。1968 年研制出第一辆样车，采用的是伊斯帕诺-絮扎(Hispano-Suiza)多种燃料发动机,功率为 184 千瓦(250 马力)。该车于1972年由罗昂制造厂生产,首批车辆于1973年交付法军使用。除装备本国军队外，还大量出口，采购最多的国家为沙特阿拉伯。到 1985 年初，该车及其各种变型车已生产了 1630 辆。

AMX-10P 步兵战车在公路上行驶

主体结构

　　AMX-10P 步兵战车采用典型装甲运兵车/步兵战车的设计，车身材料采用箱形设计而最前为锐角，驾驶室在左侧有 3 个潜望镜，位于中间的潜望镜可换为微光夜视镜，动力室在右侧，有一个 280 匹马力的水冷式柴油发动机，此发动机除了为 AMX-10P 在陆上行驶时提供动力外，还可以用来带动一个在车尾的喷水推进器，这使得 AMX-10P 也可以在水中行驶，因此外销印度尼西亚的 AMX-10P 是给海军陆战队使用的两栖步兵战车。

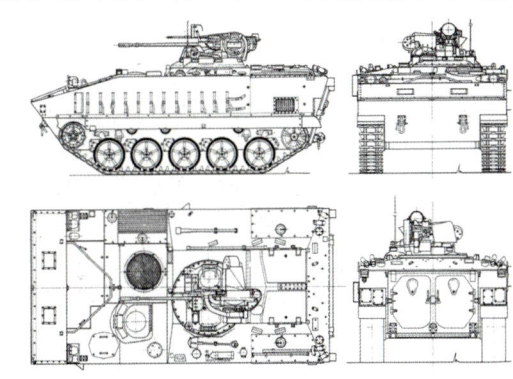

AMX-10P 步兵战车三视图

71

作战性能

AMX-10P 步兵战车的主要武器是一门 20 毫米 M693 机关炮，采用双向单路供弹，并配有连发选择装置，但没有炮口制退器。弹药基数为 325 发，其中燃烧榴弹 260 发，脱壳穿甲弹 65 发。

该炮对地面目标的最大有效射程为 1500 米，使用脱壳穿甲弹时在 1000 米距离上的穿甲厚度为 20 毫米；辅助武器为一挺 7.62 毫米机枪，位于主炮的右上方，最大有效射程为 1000 米，弹药基数为 900 发。如有需要，该车还可换装莱茵金属公司的 20 毫米 MK20 Rh202 机关炮，车顶两侧还可安装两个"米兰"反坦克导弹发射架。

水上性能良好的 AMX-10P 步兵战车

趣闻逸事

英国《简氏防务周刊》2004 年 3 月 31 日报道，法国地面武器工业集团 (GIAT) 准备了一个详细的建议，决定延长法国陆军 AMX-10P 步兵战车的使用寿命。

AMX-10 步兵战车前侧方特写

TOP5 美国 AIFV 步兵战车

AIFV 是由美国食品机械化学公司军械分部（现为 BAE 陆地系统公司）于 20 世纪 70 年代制造的履带式步兵战车。

排名依据：美国 AIFV 履带式装甲步兵战车属于装甲步兵战车的一种，该型车能用履带划水在水中行驶，入水前将车前折叠式防浪板升起。披挂有食品机械化学公司（FMC）研制的间隙钢装甲，用螺栓与主装甲连接。这种间隙装甲中充填有网状的聚氨酯泡沫塑料，重量较轻，有利于提高车辆水上行驶时的浮力。

经过伪装的 AIFV 步兵战车

建造历程

1967年，美国食品机械化学公司军械分部根据与美国陆军签订的合同，制造了两辆 MICV 步兵战车，命名为 XM765 型。这两辆样车是以 M113 装甲人员输送车为基础研制的，主要的改进是在车体上开了射孔，安装了全密闭式炮塔。第一辆样车于 1970 年制成，全密闭式炮塔位于车体中央、驾驶员和动力舱位置的后面，紧靠其后的为车长指挥塔。但此种布置使得车长前方的视界太小。因此进行了重新设计，使车长位于驾驶员的左后方，炮塔则移到发动机的右后方，并正式将该车命名为 AIFV 装甲步兵战车。该车还曾在比利时、联邦德国、意大利、荷兰、挪威和瑞士等国作过试验。

订购该车的第一个国家是荷兰，1975 年签订的合同总数为 880 辆，首批车辆于 1977 年交货。

AIFV 步兵战车进行编队行驶　　　　AIFV 步兵战车侧面特写

主体结构

AIFV 步兵战车车体采用铝合金焊接结构，驾驶员在车体前部左侧，在其前方和左侧有 4 个 M27 昼间潜望镜，中间 1 个可换成被动式夜间驾驶仪。车长在驾驶员后方，有 5 个潜望镜，其中 4 个为标准的 M17 潜望镜，1 个为 M20A1 潜望镜，放大倍率为 1× 和 6×。在需要时，该镜可换成被动式夜间潜望镜。

载员舱在车体后部，可载步兵 7 人，有 1 人在车长和炮塔之间，面向后，其余 6 人分成两排，在两侧背靠背乘坐。在顶部有 1 个单盖舱口用于通风，两侧各有 2 个射孔，另外还有 1 个在跳板式后门上。为防止在车内发生意外伤害，单兵武器在射击时都有支架。舱内有废弹壳搜集袋，以防止射击

Chapter 03 步兵战车

后抛出的弹壳伤害到邻近的步兵。车后有动力操纵的跳板式大门，步兵通过此门出入。大门左侧有安全门，两侧有燃油箱，并用装甲板与车内隔开。

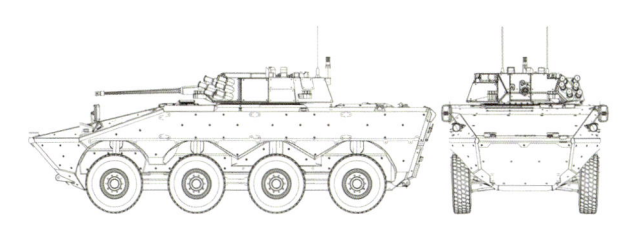

AIFV 步兵战车示意图

作战性能

AIFV 步兵战车的主要武器为一门厄利空 25 毫米的 KBA-B02 机关炮，双向单路供弹，有待发弹 180 发、备份弹 144 发。在主炮左侧有一挺 7.62 毫米的 FN 并列机枪，有待发弹 230 发，另在车体内有备份弹 1610 发。在车体前部有 6 具烟幕弹发射器。

动力传动装置与 M113A1 装甲人员输送车相似，但作了一些改进，例如，发动机增装了涡轮增压器和高散热的散热器；变速箱改装了能够承受较大负荷的零部件、重负荷万向节以及采用 M548 履带式运货车的侧传动等。

急速行驶的 AIFV 步兵战车

趣闻逸事

1978年7月,比利时签订了514辆AIFV和525辆M113A2的合同,根据特许,由比利时机械制造公司(Belgian Mechnical Fabrication)生产,用以取代比利时现装备的美国M75装甲人员输送车和法国的AMX VCI步兵战车。首批车辆于1982年出厂,到1988年5月前,AIFV和M113A2两种车辆的月产量为20～25辆。

AIFV步兵战车参与作战训练

TOP4 德国"美洲狮"步兵战车

"美洲狮"是德国陆军正在研制的新型步兵战车,用以取代老式的"黄鼠狼"步兵战车。

Chapter 03　步兵战车

排名依据："美洲狮"步兵战车的设计具有延长装备时间的潜力。目前，德国已经开始对步兵战车的改进，包括战场内敌我识别、指挥控制、通信和情报系统，以及德国未来士兵系统等方面。"美洲狮"有望成为新车族的基型车，可改装为抢救车、120毫米迫击炮系统和防空变形车等多种类型。未来，该车可能成为正在服役的"豹2"主战坦克的替代车型。

"美洲狮"步兵战车在沙漠中行驶

建造历程

2002年9月，由德国联邦国防技术采购局(BWB)授权，克劳斯－玛菲·威格曼公司和莱茵金属公司地面系统分部联合成立了"美洲狮"系统与管理公司(PSM)，作为"美洲狮"步兵战车研制项目的主承包商。2005年12月该车进入测试阶段，测试于2006年5月结束。随后还生产了5辆预生产型"美洲狮"步兵战车，于2006年底到2007年5月交付德国陆军，经费为3.5亿欧元。另外根据军方需求，于2007年开始全面生产"美洲狮"步兵战车，从2009年陆续交付军方405辆。

"美洲狮"步兵战车前侧方特写 　　　　"美洲狮"步兵战车后侧方特写

77

主体结构

"美洲狮"步兵战车采用传统的布局方式,驾驶员位于车辆的左前方,动力组件安装在右前方,车长和炮长并排坐在车辆的中部(车长在右,炮长在左)。采用模块化设计的车辆能够由 A-400M 运输机空运。车辆配有三防系统、空调、火灾探测与灭火抑爆系统,生产型"美洲狮"装备战场敌友识别系统,指挥、控制与通信系统,此外还配备功能强大的内置式测试设备。车辆每侧各有 5 个钢制的负重轮,安装在独立悬挂装置上。设计中不仅考虑了高度的机动性,还注意了减少噪声和振动的问题。

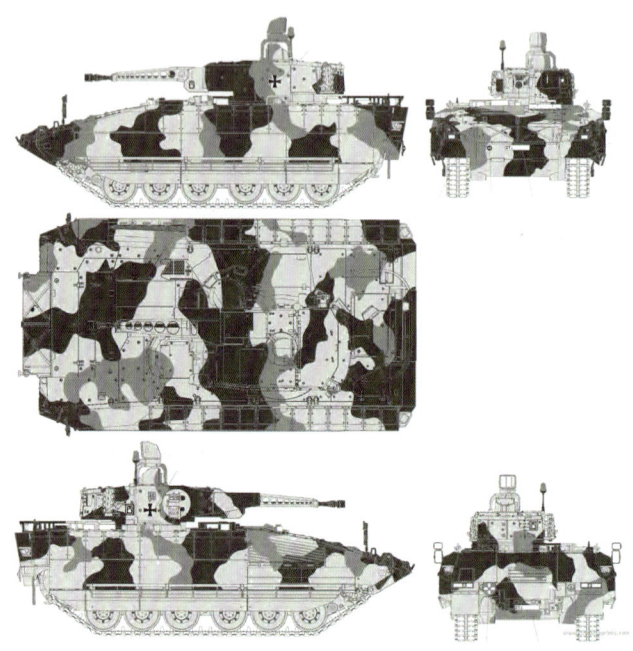

"美洲狮"步兵战车三视图

作战性能

"美洲狮"步兵战车的主要武器是一门 30 毫米 MK30-2/ABM 机关炮,由莱茵金属公司毛瑟分公司专为该车研制,具有极高的安全性和命中概率,即使在高速越野的情况下仍然具有很高的射击精度。该炮采用双路供弹,可发射的弹药主要有尾翼稳定曳光脱壳穿甲弹(APFSDS-T)和空爆弹

(ABM)，通常备弹 200 发。空爆弹的打击范围很广，包括步兵战车及其伴随步兵、反坦克导弹隐蔽发射点、直升机和主战坦克上的光学系统等。

"美洲狮"步兵战车采用 MTU 公司生产的世界上结构最紧凑、重量最轻的 MT-902 V-10 型柴油发动机。这种发动机属于 MTU 公司 MTU890 系列的新型发动机，输出功率为 800 千瓦，可为"美洲狮"步兵战车提供 25.4 千瓦/吨的单位功率(C级防护时略有降低)。

"美洲狮"步兵战车在急速行驶

趣闻逸事

在北约的模拟演习中，一辆"美洲狮"独自击毁了 3 辆 M2 并且全身无损而退，其强大的机动性和防护性诠释了什么才是世界上最完美的步兵战车。

停靠在雪地上的"美洲狮"步兵战车

TOP3 俄罗斯 BMP-3 步兵战车

BMP-3 是苏联于 1986 年推出的 BMP 系列的第三款步兵战车，1989 年正式投产并装备军队。

排名依据： BMP-3 在投产前，曾在各种实战条件下进行了大规模的野外试验，其性能较俄罗斯 BMP-2 步兵战车的第二代步兵战车有了很大的提高。自 BMP-3 以后，苏联/俄罗斯已不再发展轻型坦克和水陆坦克，说明 BMP-3 完全能起到轻型坦克和水陆坦克的作用。此外，俄罗斯计划将新研制的 45 毫米自动炮安装在 BMP-3 步兵战车上，该炮发射的尾翼稳定脱壳埋头穿甲弹可击穿 1000 米处 150 毫米厚的均质装甲。

BMP-3 步兵战车在公路上行驶

Chapter 03　步兵战车

建造历程

虽然 BMP-1/2 步兵战车性能先进，但也存在着火力不强、防护性差的不足。为了克服这些不足，还在阿富汗战争刚开始不久的 1981 年，库尔干斯基汽车厂就由 A. 尼科诺夫担任主任工程师，开始了新型步兵战车的研制。

方案源于 1975 年 PT-76 水陆坦克后继车辆的水陆两用空降战车研制计划，计划代号为 "865 工程"，该计划最后因为轻型水陆坦克的有效性遭到质疑而被终止。后来苏联军方将该计划代号改为 "688 特别工程"，对 "685 工程" 样车的底盘做了较大改进，并选用了新型发动机。武器系统由图拉仪器仪表设计局负责。1986 年，首辆样车试制完成，样车配备了 BMP-2 上采用的 2A42 型 30 毫米机关炮和两具反坦克导弹发射器。经过严格的性能试验和部队使用试验后，军方对其武器装备不太满意。在随后的两年里，工程师们重点对样车的武器系统进行了多次改进。1987 年，新的步兵战车将型号定为 BMP-3，并开始装备于部队。1990 年，BMP-3 步兵战车首次在莫斯科红场阅兵式上公开露面。该车主要装备于俄罗斯陆军的坦克师和机械化步兵师，以用来取代 BMP-1/2 步兵战车。

阿拉伯联合酋长国的 BMP-3 步兵战车　　　　BMP-3 步兵战车炮塔特写

主体结构

BMP-3 的车身和炮塔是铝合金焊接结构。BMP-1/2 的动力组件位于车头，现改为在车尾，同时为方便乘员进出而在车尾加上两道有脚踏的车门，为此动力组件尽量造得扁平以降低高度。车尾门因为要迁就车尾的动力组件而被设计成一对小门，步兵上下车皆要爬过此门，因此 BMP-3 乘员进出

81

的便利性不及BMP-1/2。BMP-3乘员为车长、炮手和驾驶，再加7名士兵，车长和炮手在双人炮塔中（车长在右而炮长在左），驾驶舱在车身前方中央位置，左右两侧各有一个士兵座位，士兵座位前方各有一挺PKT机枪，其余5名士兵坐在后方的运兵舱内，其座位有枪孔，可用手中的枪械向车外开火射击。

BMP-3 步兵战车示意图

作战性能

BMP-3 步兵战车的火力极为强大，炮塔上装有一门100毫米2A70型线膛炮，此炮能发射破片榴弹和AT-10炮射反坦克导弹，在2A70右侧为30毫米的2A72机炮，左侧为7.62毫米PKT机枪。同BMP-2一样，BMP-3也可在水上行驶，其在水上行驶时改为由发动机带动一个喷水器向后方喷水。

BMP-3 的主要任务是协同T-72/80/90主战坦克作战，可利用其较强的车载武器系统实施火力压制，掩护步兵下车作战；也可独立用于山地作战、巷战和空降作战。

趣闻逸事

在 2005 年推出的电脑游戏《战地风云 2》的非官方模组《真实计划：战地 2》当中，选择俄罗斯武装力量的玩家可以使用 BMP-3 步兵战车。

TOP2 法国 VBCI 步兵战车

VBCI 是法国新一代步兵战车，于 2008 年开始服役，具备与主战坦克接近的机动性与通过性。

排名依据：在2001年的阿布扎比武器装备展览会上，1辆崭新的8×8轮式战车的样车令参观者驻足，它就是尚不为人知的法国VBCI轮式步兵战车。VBCI步兵战车采用8×8高机动性轮式底盘，机动性好，战场可部署能力强，可以空运、海运、铁路运输和用公路平板车运输。VBCI步兵战车的火力达到了20世纪80年代先进的履带式步兵战车的水平，火控系统的性能则要更先进些，对付敌方的步兵战车或装甲输送车等一类轻型装甲目标绰绰有余。

建造历程

早在20世纪90年代初期，法国陆军就提出了研制"模块式装甲战车"(VBM)的计划，目的是为当时装备的AMX-10P步兵战车寻求替代产品。为了降低研制成本和风险，法国军方想拉上几个伙伴，英国人和德国人积极响应，"欧洲装甲车辆"计划迈出了可喜的第一步。然而，20世纪90年代末期，欧洲装甲车辆合作计划中断。2000年3月，法国军队总装备部经过广泛的协商，选定了地面武器工业集团(GIAT)和雷诺公司，由其合作研制法国新一代轮式步兵战车，暂定名为VBCI步兵战车。

Chapter 03　步兵战车

士兵从 VBCI 步兵战车后方下车

主体结构

　　VBCI 步兵战车车体由前至后分别是：驾驶室和动力舱、战斗舱和载员室。车体前部左侧为驾驶室，这是一个独立的舱室，由隔板和动力舱隔开，有通道和后部相连通。驾驶舱盖向右打开，其前方有 3 具潜望镜，中间的 1 具可换为夜视镜，驾驶员的座席可调。动力舱位于右侧，前部是发动机和变速箱，稍后是水散热器；动力舱的上部有一个尺寸很大的检查窗，便于维修保养和整体更换发动机与变速箱。包括炮塔和武器在内的战斗室也是独立的，用筒状格网和其他部分隔开，战斗室的位置稍稍偏右，其左侧留出通道。后部的载员舱较宽敞，容积达 13 立方米，载员的座席是独立的，两排载员面对面而坐。车体的最后是宽大的跳板式尾门，可用液压装置向下打开，尾门上还有一个向右开启的小门。引人注意的是，VBCI 步兵战车上没有开射击孔，这是当前的"国际流行色"，也是安装了附加装甲后不得不采取的措施。可以认为，VBCI 步兵战车上的载员是以下车战斗为主的。

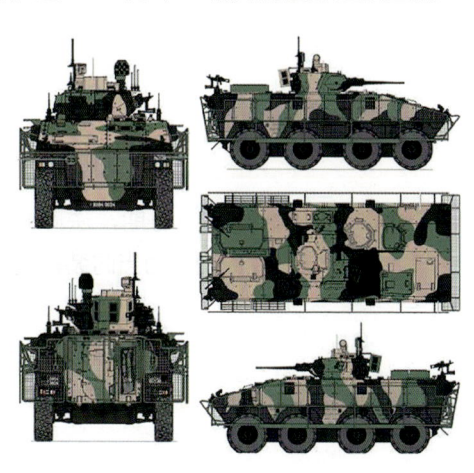

VBCI 步兵战车三视图

85

作战性能

VBCI 步兵战车能对乘员和军队提供多种威胁保护,包括 155 毫米炮弹碎片和小 / 中等口径炮弹等。它的炮塔采用"龙"式单人炮塔。炮长坐在特制的战斗室内,通过观看各种彩色显示屏和仪表板,能够适时地操纵机关炮来进行射击。

急速行驶中的 VBCI 步兵战车

趣闻逸事

法兰西人似乎对轮式装甲车情有独钟。单就型号来说,就有 VBR、VCR、VBL、M3、EBR、AML-90、AMX-10RC、ACMAT、VXB-170 等不下十余种,令人目不暇接,在这方面,世界上没有哪个国家能超过它。近年来,法国军方又开发了中型和重型轮式步兵战车,VBCI 轮式步兵战车就是其中的佼佼者。

VBCI 步兵战车前侧方特写

TOP1 美国 M2 "布莱德利" 步兵战车

M2 "布莱德利"（M2 Bradley IFV）是由美国 BAE 陆地系统公司于 20 世纪 80 年代制造的履带式步兵战车。

排名依据：M2 "布莱德利" 步兵战车是一种履带式、中型战斗装甲车辆，是一种伴随步兵机动作战用的装甲战斗车辆，既可独立作战，也可协同坦克作战。由于其优秀的观瞄设备，该车在沙漠风暴行动和伊拉克战争中大显身手，击杀敌军坦克数量甚至超过了 M1 坦克，为美军立下了汗马功劳。

M2 "布莱德利" 步兵战车参与作战训练

建造历程

M2"布莱德利"步兵战车于1980年定型并投产，1983年装备美国陆军。M2"布莱德利"步兵战车，经过不断改进，出现了多种改进型，主要有M2A1、M2A2、M2A3等改进型号。在1991年的海湾战争中，美军的2000辆"布莱德利"步兵战车伴随着M1A2主战坦克，风驰电掣般地在沙漠里行驶，成为"沙漠军刀"军事行动中的一把利剑，重创了伊拉克共和国卫队。

M2"布莱德利"步兵战车在急速行驶中

Chapter 03　步兵战车

▎主体结构

　　M2"布莱德利"步兵战车的车体为铝合金装甲焊接结构，其装甲可以抵抗 14.5 毫米枪弹和 155 毫米炮弹破片。其中，车首前上装甲、顶装甲和侧部倾斜装甲采用铝合金，车首前下装甲、炮塔前上部和顶部为钢装甲，车体后部和两侧垂直装甲为间隙装甲。

　　间隙装甲由外向内的各层依次为 6.35 毫米钢装甲、25.4 毫米间隙、6.35 毫米钢装甲、88.9 毫米间隙和 25.4 毫米铝装甲背板，总厚度达 152.4 毫米。车体底部装甲为 5083 铝合金，其前部 1/3 挂有一层用于防御地雷的 9.52 毫米钢装甲。

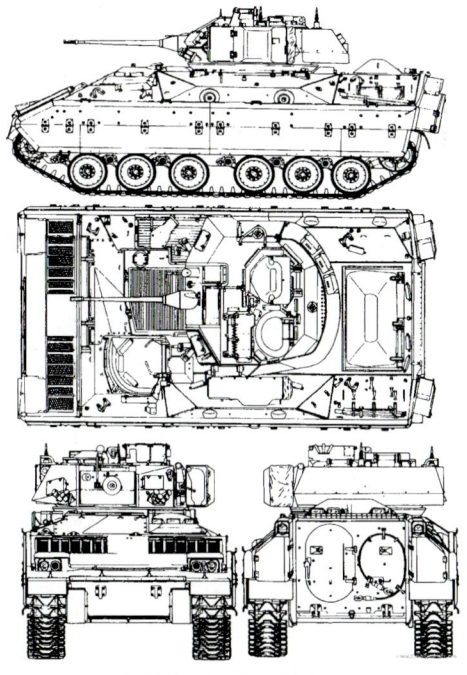

M2"布莱德利"步兵战车三视图

▎作战性能

　　M2"布莱德利"步兵战车主要武器有一门 M242"大毒蛇"25 毫米链式机关炮，射速有单发、100 发 / 分、200 发 / 分、500 发 / 分，共四种，可由射手选择。弹种有曳光脱壳穿甲弹、曳光燃烧榴弹和曳光训练弹。车体采用爆炸反应装甲焊接结构,能抵御穿甲弹和炮弹攻击,车前装有下放式附加装甲,能防御地雷攻击;侧面有侧裙板。所以"布莱德利"步兵战车具有较好的防护性能。M2A1 型装备有"陶 2"反坦克导弹,并配有新型炮弹;M2A2 型采用新的装甲防护,换装了大功率发动机,改善了火控系统;M2A3 型采用前视红外传感器,并配装激光测距仪和车载导航设备,提高了战车识别能力和命中率。

正在开火的 M2 "布莱德利"步兵战车

趣闻逸事

M2 "布莱德利"步兵战车的命名来自美国五星上将布莱德利。1991 年,M2 "布莱德利"步兵战车参加了海湾战争,该战车击毁的伊拉克坦克与装甲车的数量比 M1 "艾布拉姆斯"主战坦克还要多。

M2 "布莱德利"步兵战车前侧方特写

牵引式榴弹炮

▸▸ Chapter 04 | TOP 10

　　榴弹炮是地面炮兵的主要炮种之一，是一种身管较短，弹道比较弯曲，适合于打击隐蔽目标和地面目标的野战炮。按机动方式可分为牵引式和自行式两种。其中牵引式榴弹炮是靠牵引工具运动的，是陆军常用武器之一。本章将详细介绍牵引式榴弹炮建造史上影响力最大的十种型号，并根据综合性能、作战影响以及威力大小等因素进行了客观公正的排名。

整体展示

建造数量、服役时间和研制厂商

TOP10 美国 MI 式 75 毫米榴弹炮

建造数量	8400 门
服役时间	1927 年至今
韦斯特维尔特公司	该公司的名称来源于美国海军工程师乔治·康拉德韦斯特维尔特，1927 年该公司因为美国陆军研发 M1 式榴弹炮而出名

TOP9 英国 QF 25 磅榴弹炮

建造数量	1000 门以上
服役时间	1940 年至 1980 年
英国国防部	英国防部（Ministry of Defence，MoD）是英国负责履行政府防务政策的政府部门，也是英国武装力量的总部

TOP8 苏联 ML-20 152 毫米榴弹炮

建造数量	6884 门
服役时间	1937 年至 1947 年
佩特罗夫工厂	佩特罗夫工厂是苏联著名军火制造商，也称苏联的第 172 号工厂

TOP7 苏联 M-30 122 毫米榴弹炮

建造数量	19266 门
服役时间	1939 年至 1955 年
莫托维利卡工厂	莫托维利卡工厂是苏联时期的著名军工厂

Chapter 04 牵引式榴弹炮

TOP6 德国 le FH 18 105 毫米榴弹炮	
建造数量	10265 门
服役时间	1942 年至 1945 年（德国） 1939 年至 1982 年（瑞典）
德国莱茵金属公司	德国莱茵金属公司（Rheinmetall GmbH）是德国一家战斗车辆武器配件及防卫产品制造商，著名的产品包括豹2、M1A1、M1A2 等装甲车辆及自行火炮的主炮

TOP5 美国 M2 105 毫米榴弹炮	
建造数量	10000 门以上
服役时间	1941 年至今
岩岛兵工厂	岩岛兵工厂是美国国营兵工厂，是陆军主要火炮生产厂

TOP4 瑞典 FH77B 155 毫米榴弹炮	
建造数量	700 门以上
服役时间	1981 年至今
瑞典博福斯公司	瑞典博福斯公司成立于 17 世纪，1894 年被诺贝尔收购，主要生产钢铁和炸药。20 世纪 80 年代末 90 年代初，博福斯公司和 TAGA 航空、SATT 等公司合并为诺贝尔工业集团，产品涉及火炮、弹药、坦克、装甲车、鱼雷和扫雷系统等领域

TOP3 德国 s FH 18 150 毫米榴弹炮	
建造数量	5403 门
服役时间	1935 年至 1970 年
德国莱茵金属公司	德国莱茵金属公司（Rheinmetall GmbH）是德国一家战斗车辆武器配件及防卫产品制造商，著名产品包括豹2、M1A1、M1A2 等装甲车辆及自行火炮的主炮
克虏伯公司	位于德国埃森的克虏伯公司最初不过是个小小的铁匠铺，之后由阿尔弗雷德·克虏伯发展成著名的武器公司。1943 年，克虏伯公司直接或间接雇佣的人员已达 20 万，为德国军队制造大炮、装甲车、坦克、潜艇和各种轻武器

TOP2 美国 M198 155 毫米榴弹炮

建造数量	1600 门以上
服役时间	1979 年至今
美国陆军	美国陆军（United States Army）是美国武装力量的组成部分之一，主要负责陆地上的作战

TOP1 英国 M777 155 毫米榴弹炮

建造数量	300 门以上
服役时间	2005 年至今
BAE 系统公司	BAE 系统公司是 1999 年 11 月由英国航空航天公司 (BAE) 和马可尼电子系统公司 (Marconi Electronic Systems) 合并而成的。2000 年，在世界 100 家最大军品公司中居第三位

主体尺寸

1 TOP10 美国 M1 式 75 毫米榴弹炮

高度 0.94 米
宽度 1.22 米
长度 3.68 米

2 TOP9 英国 QF 25 磅榴弹炮

高度 1.16 米
宽度 2.13 米
长度 4.6 米

Chapter 04　牵引式榴弹炮

3　TOP8 苏联 ML-20 152 毫米榴弹炮

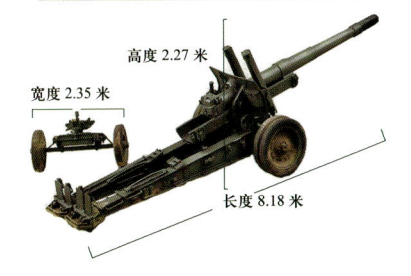

宽度 2.35 米
高度 2.27 米
长度 8.18 米

4　TOP7 苏联 M-30 122 毫米榴弹炮

高度 1.82 米
长度 5.9 米
宽度 1.98 米

5　TOP6 德国 le FH 18 105 毫米榴弹炮

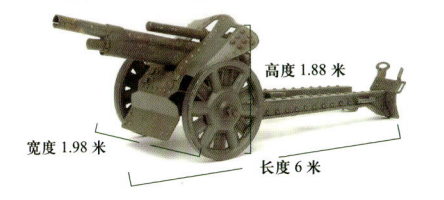

高度 1.88 米
宽度 1.98 米
长度 6 米

6　TOP5 美国 M2 105 毫米榴弹炮

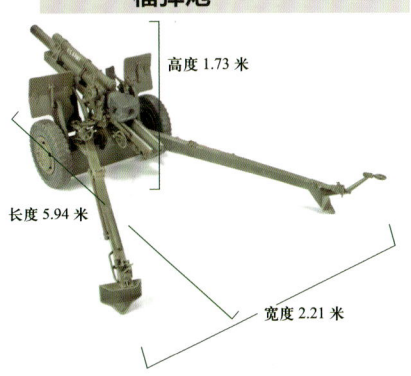

高度 1.73 米
长度 5.94 米
宽度 2.21 米

7　TOP4 瑞典 FH77B 155 毫米榴弹炮

枪管长 5.89 米
宽度 9.73 米
长度 11.6 米

8　TOP3 德国 s FH 18 150 毫米榴弹炮

高度 1.71 米
宽度 2.26 米
长度 7.85 米

全球重武器 TOP 精选（珍藏版）

9　TOP2　美国 M198 155 毫米榴弹炮

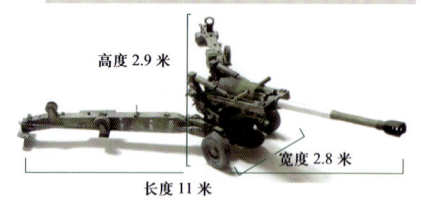

高度 2.9 米
宽度 2.8 米
长度 11 米

10　TOP1　英国 M777 155 毫米榴弹炮

高度 2.26 米
长度 10.7 米
宽度 2.77 米

基本战斗性能对比

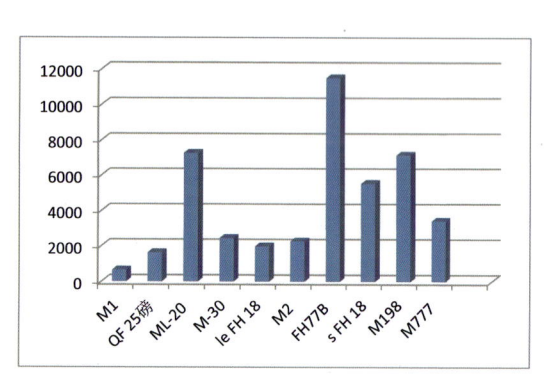

牵引式榴弹炮重量对比图（单位：千克）

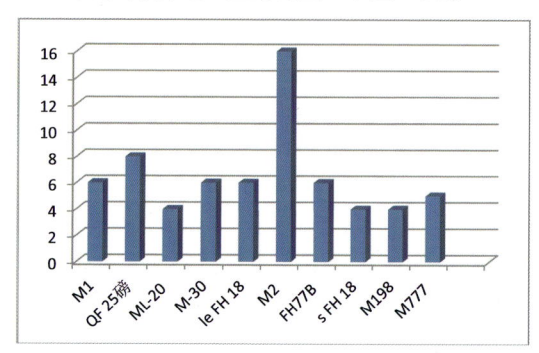

牵引式榴弹炮最大射速对比图（单位：发/分）

96

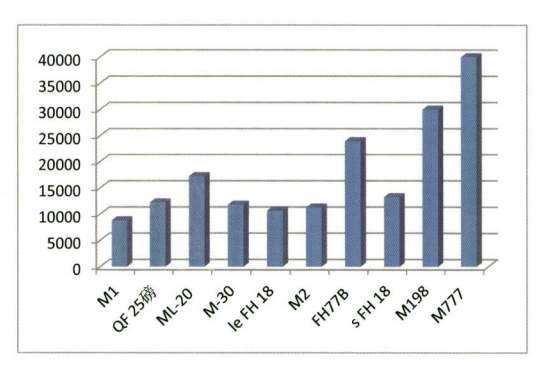

Chapter 04　牵引式榴弹炮

牵引式榴弹炮有效射程对比图（单位：千米）

TOP10 美国 M1 式 75 毫米榴弹炮

M1 式 75 毫米榴弹炮是二战时期美军的火炮，原型为 M1920，在 1927 年定型为 M1 式 75 毫米榴弹炮。

排名依据： M1 榴弹炮是一种组合式火炮，运动时可以迅速拆成几个部分便于炮兵携行。M1 榴弹炮不仅适合常规的地面火力支援，也适合空降特种作战。另外，M1 榴弹炮还很适合搭载在美军各种装甲车上，在二战

97

初期，美军坦克的数量和质量与德军相比都不占优势，这样改装很快就缓解了当时美军缺乏坦克近距离支援火力的困境。种种优点使得 M1 榴弹炮成为二战盟军阵营中的常青树武器，由于其构造简单，所以生产上也占尽先机。

建造历程

一战过后，世界各军事强国有感于战争的巨大杀伤力，从而开始注重对军事装备的研究，其中对榴弹炮性能的提高引起了各国军队的关注。美国陆军委托韦斯特维尔特公司研发下一代近距离支援榴弹炮（步兵炮），以满足复杂地形作战的需要。军方的要求极其苛刻，要求射程达到 4600 米左右、75 毫米口径，最苛刻的是要求火炮在分解状态下能让 4 名士兵搬运或者驮载。

美军在太平洋战争中使用 M1 榴弹炮作战

Chapter 04　牵引式榴弹炮

1927 年，韦斯特维尔特公司成功完成了样炮，很快被美国陆军列装并命名为 M1 榴弹炮。当时，美军作战师的编制为 1 个师包含 3 个师属炮兵团，炮兵团中有 1 个营装备 M1 榴弹炮，而其他的 2 个营装备 155 毫米榴弹炮。美国加入二战前，M1 榴弹炮一直不受重视，直到 1940 年仅生产了 90 门。直到太平洋战争爆发后，M1 榴弹炮的产量才大幅上升。到 1944 年停产为止，该炮各型共生产了约 8400 门。除了供美国陆军和海军陆战队使用外，M1 榴弹炮还利用《租借法案》大量援助其他同盟国。

M1 榴弹炮多角度特定

主体结构

M1 榴弹炮采用 75 毫米口径火炮，炮管重 110 千克，大仰角 45 度，俯角 4 度，长 3.68 米，宽 1.22 米，而高度在同类产品中最低：仅有 0.94 米。M1 榴弹炮发射时虽然有炮锄支撑，但发射时的后坐力依旧会使炮跳离地面。所以通常火炮的大架后端会放几包沙土，以减少火炮往上跳的距离和跳动的次数，以便加速退弹和装填下一发炮弹。

M1 榴弹炮侧面特写

99

作战性能

M1 榴弹炮紧凑小巧、机动灵活，很适合山地作战。美军士兵对其灵活性最为称道，无论是山地还是丛林，只要是需要火力支援的战场环境，M1 榴弹炮都可以发挥作用，如意大利卡西诺的山区作战和太平洋的岛屿攻坚战，需要近距离火力支援的地方都会有 M1 榴弹炮的身影。

M1 榴弹炮炮口特写

趣闻逸事

美国陆军第 10 山地师对 M1 榴弹炮进行了诸多改进，以便适应山地战斗。由于无法在山地使用吉普车，他们便简化了 M1 榴弹炮的部分零件将其能够由 4 匹军骡牵引，还设计出了具有 4 个挂架的驮架，这样既可以担负火炮零件，又可以背负弹药甚至伤员。

Chapter 04 牵引式榴弹炮

TOP9 英国 QF 25 磅榴弹炮

QF 25 磅榴弹炮是英国在 20 世纪 30 年代研制的中小口径榴弹炮，采用了传统的以炮弹重量命名的命名方式。

排名依据： QF 25 磅榴弹炮被英联邦国家广泛装备和使用，在二战期间的许多战斗中作用巨大。在著名的阿拉曼战役中，QF 25 磅榴弹炮曾发挥了重大作用，主要是作为压制兵器使用。QF 25 磅榴弹炮是英国军队中第一种兼具加农炮和榴弹炮两种弹道特点的火炮。它既可以用低初速、高弹道射击遮蔽物后方的目标，也可以用高初速、低伸弹道直射目标。

QF25 磅榴弹炮前侧方特写

建造历程

20世纪20年代,英国陆军认为现役的18磅野战炮发展潜力不足,无法应对未来战争,因此希望研制一种能发射20～25磅重的炮弹、最大射程为13000米左右的野战炮,以作为师属炮兵的主要压制武器。1933年,英军试验了18磅、22磅、25磅三种火炮。1935年,QF 25磅榴弹炮MK1型问世,虽然火炮身管设计完全可以承受强装药,但18磅炮炮架却难以承受强装药的冲击。使用3号装药时,最大射程只能达到10500米。英军总参谋部决定继续研制25磅炮。但由于经费不足,英军又有大量库存的MK4型18磅炮的炮架,所以新型25磅炮最初采用了MK4型18磅炮的炮架。

1936年英军开始设计MK2型,采用了更坚固的全新炮架。由于研制工作的拖延,1939年二战爆发时英军装备的还是MK1型。1940年,MK2型最先装备了挪威战场上的英军。为了发射穿甲弹,MK2型在1942年安装了炮口制退器,称为MK3型。为提高QF 25磅榴弹炮的机动性,英联邦军队还尝试将其改造为自行火炮。

二战时英国士兵使用QF 25磅榴弹炮

Chapter 04　牵引式榴弹炮

主体结构

　　QF 25 磅榴弹炮采用液体气压式反后坐力装置、立楔式炮闩、分装式炮弹（弹丸和发射药筒分开）。由于需要改变装药量而采用分装式炮弹，导致该炮射速较慢，不能充分发挥立楔式炮闩的优点。立楔式炮闩适合在空间狭窄的自行火炮上使用。该炮的液体气压式反后坐力装置位于身管下方，不利于维修，而且抬高了火线，作反坦克用途时容易暴露，对火炮生存不利。QF 25 磅榴弹炮主要由 4 吨的"贝德福德"卡车牵引。该炮采用充气橡胶轮胎，可见其最初设计是考虑用汽车牵引的。该炮保留了前车，也就是保留了在特殊条件下使用骡马拖曳的功能。

QF 25 磅榴弹炮示意图

作战性能

　　英军为 QF 25 磅榴弹炮研制了 9 千克重的同口径实心穿甲弹。这种炮弹精度无法和长身管的加农炮发射的次口径穿甲弹相比，但实心弹动能很大，足以摧毁德军的三号坦克。由于后坐力增大，原有的反后坐力装置难以承受，经常损坏，因此安装了双室炮口制退器。改装后的 QF 25 磅榴弹炮可以在 1200 米内对坦克进行直瞄射击，威力足以对付德军三号坦克和早期的四号坦克。诺曼底登陆后的欧洲战场上，这种装有制退器的 QF 25 磅榴弹炮最为常见。

趣闻逸事

在阿拉曼战役中，当时的德军使用了一些在托卡鲁克缴获的 25 磅榴弹炮，但缴获的炮弹只有 1500 发左右，这个数字对炮兵来说实在太少了。英军方面则不同，英军火炮数量很多，共拥有 832 门 25 磅炮、750 门 6 磅炮、500 门 2 磅炮，而且 25 磅炮 12000 米的射程远远超过意大利军队中多数火炮仅 6000 米的射程。由于英国掌握了地中海的制海权，炮兵的后勤补给非常充裕，所以英军炮兵占有很大优势。

保存至今的 QF 25 磅榴弹炮

TOP8 苏联 ML-20 152 毫米榴弹炮

ML-20 榴弹炮是苏联于 20 世纪 30 年代研制的 152 毫米榴弹炮,在二战中被广泛使用。

排名依据:ML-20 榴弹炮是二战中苏联红军的主力火炮之一,主要作为集团军级的火力支援。ML-20 榴弹炮的射程很远,远远压制了包括德军著名的 150 毫米 sFH 18 榴弹炮在内的众多相近口径的火炮。虽然德军之后也有射程更远的火炮出现,但是生产量非常低。因此,ML-20 榴弹炮在二战时期可以在远距离轻松压制敌方的火炮阵地,在一些国家的军队中一直服役到 20 世纪中后期。

建造历程

1937年初，苏联佩特罗夫工厂（第172号工厂）接受了改造老式的M1910/34型152毫米榴弹炮的任务（最早的M1910是法国施耐德公司著名的火炮）。同年，佩特罗夫工厂顺利地完成了改造任务，新型榴弹炮被命名为ML-20榴弹炮，也称为M1937型榴弹炮。随后，ML-20榴弹炮开始服役于苏联红军，在整个二战中都可以看到它的身影。而德军和芬兰军队也在缴获这种火炮后大量使用。ML-20的生产从1937年开始，直到1947年结束。

ML-20侧方特写

主体结构

为了降低开火时的后坐力，ML-20榴弹炮在炮口附近加装了独特的制退装置，侧面众多的开口可以保证尾焰经由两侧顺利排出，这也成了ML-20榴弹炮标志性的外观，而在复进方面多段式液压式助推复进装置也属于领先范畴。

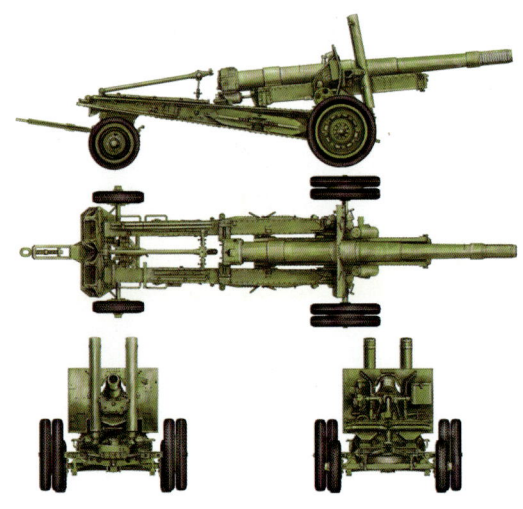

ML-20榴弹炮三视图

Chapter 04　牵引式榴弹炮

作战性能

　　ML-20 榴弹炮结合了榴弹炮与加农炮的特点，即在短距离内有加农炮特殊的平直弹道，用来完成近距离直射火力，而较大的距离上又有榴弹炮的抛物线。为了取得这两种特性，ML-20 榴弹炮准备了 13 种弹药用于分装调整弹道，同时运用直接瞄准和间接瞄准两种方式进行射击，并设计了新的装置用于直接针对气象状况进行调整和俯仰角的弹道修正，这种装置被各国火炮广泛运用至今。

ML-20 榴弹炮后方特写

趣闻逸事

　　ML-20 榴弹炮也许是网络游戏《坦克世界》里苏军大口径火炮的代表作了，无论是 SU-8 自行火炮，还是 SU-152 或者 ISU-152 反坦克炮，都装备了这个火炮。

波兰军队使用的 ML-20 榴弹炮改进型

TOP7 苏联 M-30 122 毫米榴弹炮

M-30 榴弹炮是苏联在二战期间研制的 122 毫米榴弹炮，曾是苏军中口径曲射火炮的主力。

排名依据：M-30 榴弹炮是二战中苏联红军师级作战单位的主力支援火炮，德国和芬兰军队也装备了一些缴获来的 M-30 榴弹炮。在二战中由于苏军面对德军坦克部队巨大的压力，在战争后期极其重视反坦克作战，甚至要求所有野战火炮都有反坦克作战的能力，M-30 榴弹炮也不例外。

M-30 榴弹炮侧面特写

Chapter 04　牵引式榴弹炮

建造历程

20世纪30年代，苏联打算研制一种新型师属榴弹炮用以替代老旧的M1909式和M1910式122毫米榴弹炮。尽管后两者分别在1937年和1930年进行了一定程度的现代化改进，但还是不能满足战争的需要，因此研制一种新型榴弹炮的任务就落到了苏军火炮设计部门身上。1938—1939年，有3种122毫米样炮问世，分别是乌拉尔重型机械厂的U-2、莫托维利卡厂的M-30、92厂的F-25。

在这三种设计中，最先被淘汰的是U-2，因为它的弹道性能不良，另外大架的设计也不坚固。相比之下，F-25的设计要优秀得多，其设计师格拉宾是二战苏军另一种主力火炮——ZIS-3加农炮的设计师。但最终中央炮兵局选中的是M-30榴弹炮，理由是M-30性能并不差，使用了更多现成火炮的技术，要比生产全新的F-25容易得多。

苏德战争中的M-30榴弹炮

主体结构

M-30榴弹炮采用普通的单筒身管，身管的后半部分套在被筒内，炮口没有制退器。火炮的炮尾与被筒用螺纹连接，炮尾用以安装炮闩。炮闩采用断隔螺纹式结构，靠闩体上的外螺纹直接与炮尾闩室内的螺纹连接，达到封闭后膛的目的。螺式炮闩由闭锁装置、击发装置、抽筒装置、保险装置和挡弹装置组成。闭锁装置由闩体、锁扉、闩柄、诱导杆和驻栓组成。螺式炮闩的优点是质量轻、炮尾结构尺寸小，但也有开关闩动作慢、开闩后回转的炮闩占用空间的缺点。但因为M-30榴弹炮是地面压制火炮，这些缺点并不是很明显。

M-30榴弹炮示意图

作战性能

M-30榴弹炮在设计之初就考虑到了M1909、M1910等老式榴弹炮的通用弹药，因此绝大多数老式122毫米榴弹炮弹都可以使用，当然，苏军也为M-30生产过新式弹药。该炮主要使用杀伤爆破榴弹，此外还有燃烧弹、发烟弹、宣传弹、照明弹等特种弹。由于榴弹炮的身管较短，不适合发射初速较高的穿甲弹，因此苏军专门生产了一种122毫米空心装药反坦克弹，供M-30榴弹炮使用。

M-30榴弹炮枪管特写

Chapter 04　牵引式榴弹炮

趣闻逸事

　　M-30 榴弹炮也称 1938 年式 122 毫米榴弹炮。从苏芬战争到卫国战争后先后在第九、第 172、第 221 火炮兵工厂大量生产，是苏联二战火炮的杰作之一，是二战中苏军中师压制火炮的主力。

TOP6 德国 le FH 18 105 毫米榴弹炮

　　le FH 18 105 毫米榴弹炮是 le FH16 榴弹炮的替代者，该系列火炮是德军二战火炮中最重要的一种火炮。

111

排名依据：le FH 18是二战期间德国国防军使用的标准师级野战榴弹炮。该炮还被安装在坦克底盘改装成自行火炮。单从性能上看，le FH18榴弹炮的性能是不错的，足以与日军的91式105毫米野战榴弹炮一决高下。

建造历程

le FH 18榴弹炮由德国莱茵金属公司在1929—1930年设计开发，并于1942年在德国国防军服役。该炮不仅配属于德军，也被欧洲许多国家广泛采用。1938年前，le FH 18榴弹炮曾被出口到匈牙利、西班牙和芬兰等国，其中出口到芬兰的53门被更名为105 H 33。1943—1944年，有166门出口到保加利亚，而瑞典在1939—1942年也曾向德国购买142门，命名为Haubits m/39，并一直使用到1982年。

士兵使用le FH 18榴弹炮

Chapter 04　牵引式榴弹炮

主体结构

　　le FH 18 榴弹炮的炮膛机构简单但沉重，配备有液气压缓冲系统。轮毂为木制或钢制，木制型号只能用马匹牵引。尽管这种榴弹炮很难生产，所用炮弹的威力也不如苏联 M-30 榴弹炮，但它仍然是战场上的多面手，活跃在各个战场上。

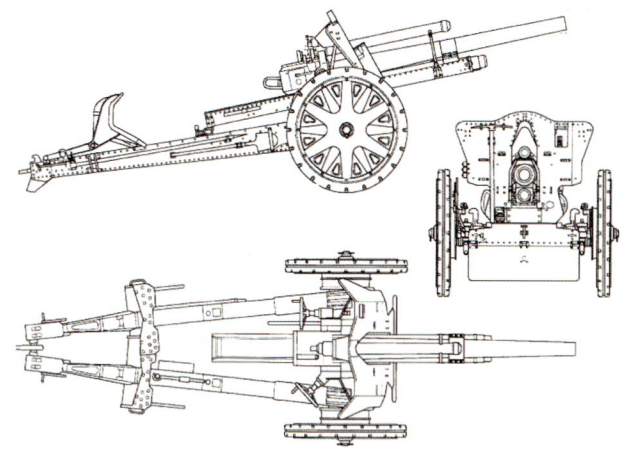

le FH 18 榴弹炮三视图

作战性能

　　le FH 18 榴弹炮的曲射弹道不但可以进行远距离曲射压制射击，而且还能灵活调整火炮弹道，在近距离具有反坦克炮的直射弹道特性，能进行有效的直瞄射击。经过反复改良，新的品种中有一种增加了扩展延伸、带有一定角度的车轮，能够抵消一部分后坐力。

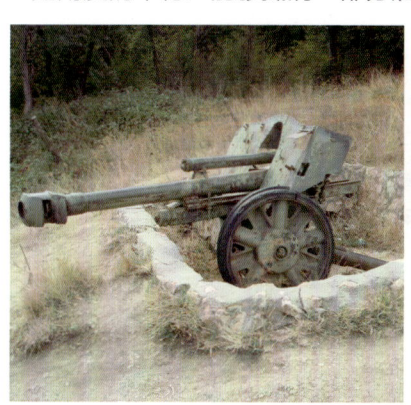

保存至今的 le FH 18 榴弹炮

113

趣闻逸事

le FH 18 榴弹炮名称中的"le"是德语中"近程"的开头字母,"FH"则是"野战榴弹炮"(Field Howitzer)的意思。二战爆发时已经有 2500 门 le FH 18 榴弹炮在德军中服役,1939 年二战开始后,这种榴弹炮开始了其在欧洲的战斗历程,其后的 1940—1945 年,德国总共生产了 20000 架 le FH 18 榴弹炮。

TOP5 美国 M2 105 毫米榴弹炮

M2 105 毫米榴弹炮是由美国于 20 世纪 30 年代中期研制定型的 105 毫米牵引火炮,1941 年装备部队,用以取代美军第一次世界大战期间使用的各式 75 至 105 毫米山炮、榴弹炮。

Chapter 04　牵引式榴弹炮

排名依据： M2是二战时期美国师属炮兵装备，口径105毫米，最大射程达11千米，也是美军数量最多的轻型榴弹炮。于1940年开始生产，在各战场作为师级支援火力大量支援给各盟军使用，它以廉价、设计简便、火力适中的特性获得炮兵的肯定，该型炮升级版今日仍在部分国家服役。

建造历程

1928年，美国岩岛兵工厂提出M1 105毫米榴弹炮的研发计划，但因隔年的经济大萧条导致美国政府缺乏资金而推迟研发。到1939年，岩岛兵工厂推出了M2 105毫米榴弹炮，测试工作于1940年6月结束，此时M2榴弹炮仅生产14门。1941年3月《租借法案》通过后，美国开始将工业能力转用在军事上，M2榴弹炮自1941年起大规模生产并支援同盟国作战，主要在各战场作为师级支援火力。到1953年美国停产为止，共制造了10202门，另外还有不少由同盟国授权生产。

二战后，该榴弹炮与105毫米炮弹成为许多国家炮兵的标准装备。1962年美军进行装备重编时，M2榴弹炮改称为M101榴弹炮。之后，又修改部分炮架与炮盾设计，并命名为M101A1。除美国外，该榴弹炮还曾被其他60多个国家装备。

士兵正在使用 M2 榴弹炮

Chapter 04　牵引式榴弹炮

主体结构

M2 榴弹炮采用纵向分离双炮尾拖架和木制车轮，依靠卡车牵引。该炮可发射 M1 高爆弹、M67 反装甲高爆弹、M84 彩烟弹、M84 烟雾弹、M60 烟雾弹、M60 生化弹、M1 训练弹和 M14 训练弹等弹药，最大射程可达 11270 米。

M2 榴弹炮模型图

作战性能

虽然 M2 榴弹炮的性能与各国同量级火炮相比没有特别突出之处，但是伴随美国强大的工业实力，它的特点便是结构简单以及零附件容易取得，与美国援助的运输卡车配套让同盟国都享受到机械化炮兵的机动优势。

美国海军陆战队士兵在硫磺岛发射 M2 榴弹炮

117

趣闻逸事

美国空降部队与海军陆战队在 1964 年换装同口径轻量化炮架的 M102 榴弹炮,但因为价格因素最后无法完全舍弃 M2 榴弹炮,直到美军从英国引进 M119 榴弹炮后才将 M2 榴弹炮自陆军除役,但是 AC-130 空中炮艇目前仍然使用此武装作为火力支援。

加拿大军队士兵正在发射 M2 榴弹炮

TOP4 瑞典 FH77B 155 毫米榴弹炮

瑞典 FH77B155 毫米榴弹炮是瑞典博福斯公司研制的口径 155 毫米的牵引式榴弹炮。

Chapter 04　牵引式榴弹炮

排名依据： 瑞典的 FH77B 榴弹炮成功的应用了液压技术，装有由发动机、传动、行走和操纵等部分组成的辅助推进装置，从而使该炮成为目前少有的自助式牵引火炮。由于该炮实现了火炮操作的自动化，不仅缩短了行军战斗转移时间，而且也大大减轻了炮手的劳动强度。

FH77B 榴弹炮前侧方特写

建造历程

瑞典博福斯公司研制和生产的 FH77A 式榴弹炮符合瑞典陆军的作战要求，但是该公司认识到该炮在某些方面不符合国外用户的要求，要想充分发挥该炮的出口潜力，就必须对其作一些必要的改进，以使该炮的最大射程赶上世界同类火炮的水平，使最大射角增加到 +70 度，并使其能发射北约 155 毫米制式弹药。

1976—1977年，博福斯公司首先研制了一种新的弹药处理装置。1977年，该公司对 FH77 式榴弹炮进行了认真的审查和研究，决定在保持原火炮总体设计不变的前提下，发展新型火炮，并将新型火炮定名为 FH77B，将原火炮称为 FH77A。1978 年初开始进行全系统设计，1979 年初造出第一门火炮，1980 年进行全炮试验。1981 年底，尼日利亚订购了一批 FH77B 式榴弹炮，此外，印度和其他几个国家也对该炮进行了过广泛的试验。

FH77B 榴弹炮多角度特写

主体结构

FH77B 榴弹炮采用 39 倍口径的 155 毫米线膛身管，可发射北约制式弹药。初速（9 号装药）827 米/秒，发射普通底凹榴弹最大射程 24 千米，发射远程全膛底排榴弹最大射程 30 千米，发射普通榴弹最小射程 2500 米。辅助推进系统公路最大速度 8 千米/时。行军状态全重 11920 千克，战斗状态全重 11910 千克，炮班人数 6 人。

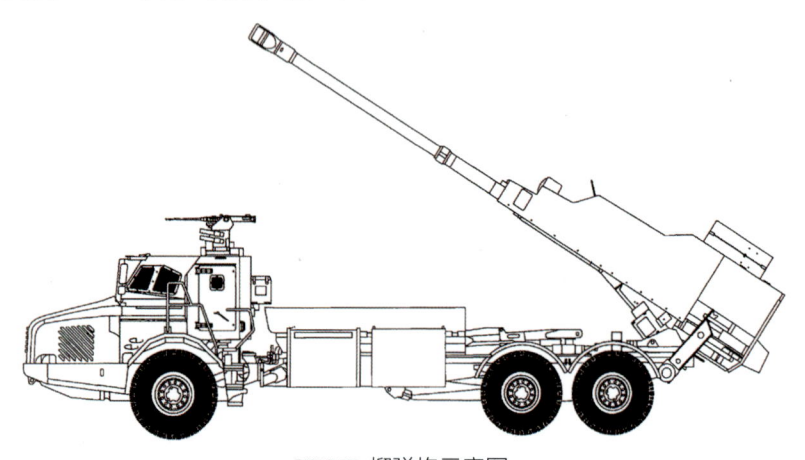

FH77B 榴弹炮示意图

作战性能

FH77B 榴弹炮自带 57.8 千瓦（78 马力）的四缸水冷汽油发动机，可在牵引车上遥控操作，并为火炮的液压系统提供动力。FH-77B 榴弹炮的全部操作，如火炮进出发射阵地、大架的展开和收拢、高低和方向的瞄准、埋入和拔出驻锄、输弹、装弹等，均可借助液压动力完成。因此，只需要 2 名炮手在 2 分钟内就可以完成该炮的行军—战斗（战斗—行军）状态转换。

正在开火的 FH77B 榴弹炮

Chapter 04 牵引式榴弹炮

趣闻逸事

20世纪70年代以来，西方各国新研制成功的各种不同型号的牵引式155毫米榴弹炮，如英、德、意三国的FH70式，瑞典的FH77、奥地利的GHN45式以及新加坡的FH88式等都安装有辅助推进装置，因而具有短途自行能力。

在雪地中执行任务的FH77B榴弹炮

TOP3 德国 s FH 18 150 毫米榴弹炮

s FH 18 榴弹炮是德国在二战期间研制的150毫米重型榴弹炮。

排名依据：sFH 18是世界上第一种采用火箭推进榴弹的火炮，火箭推进榴弹可以增加3000米的射程，但因程序烦琐和准确率不高，而迅速退出第一线。sFH 18在二战中作为德军的主力重型野战炮，被称为"常青树"。

建造历程

sFH 18榴弹炮是德国莱茵金属公司与克虏伯公司于1926—1930年联合研制的，莱茵金属公司研制炮身，克虏伯公司研制炮架。1935年5月，sFH 18榴弹炮开始在德国国防军服役，随后在德国扩军政策下大量生产并持续生产至二战结束，是二战前德国的陆上重火力支援装备。之所以被命名为18式，主要是为了让国际社会认为此炮是一战结束前设计的，以回避《凡尔赛条约》的限制。

虽然sFH 18是为了"闪电战"的需求而设计制造的，但由于德国自身机械化能量不足，不可能让火炮全部使用半履带车拖曳，因此实战中不少sFH 18还是使用马匹拖曳，因此推进速度无法追上真正的机械化部队。加上sFH 18没有安装悬吊系统，即便使用机械车辆拖曳，其速度仍然无法让德军满意。二战后，大量sFH 18作为战利品服役于阿尔巴尼亚、保加利亚与前捷克斯洛伐克陆军中。

Chapter 04　牵引式榴弹炮

使用 sFH 18 榴弹炮的德军士兵

主体结构

虽然德军在二战中大量采用 s FH 18 榴弹炮，但此炮与各国的主力榴弹炮相比并不算是优秀装备，苏联榴弹炮的射程更具优势。由于德国之后研发的新型大口径榴弹炮都不成功，为了增长 s FH 18 的射程，德国不得不在 1941 年设计出火箭推进榴弹并配发至前线。

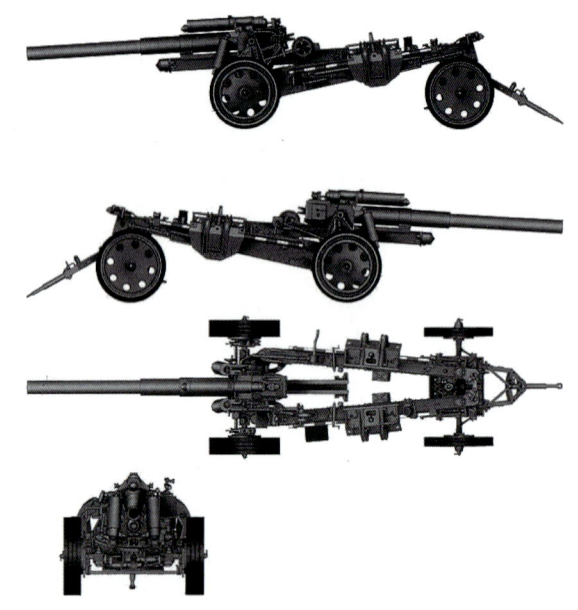

s FH 18 榴弹炮三视图

作战性能

s FH 18 榴弹炮的后续改进主要针对炮身以及装药。借由特殊 7 号以及 8 号装药，s FH 18 的射程成功延伸至 15 千米，但是伴随而来的后坐力增加以及磨损问题，使得研发厂商在火炮上安装炮口制退器以及更改炮身制造工序以满足火炮寿命的需求。新造的火炮被赋予 s FH 18M 的代号，并成为后期德国陆军炮兵的主力。

s FH 18 榴弹炮侧方特写

Chapter 04 牵引式榴弹炮

趣闻逸事

sFH 18榴弹炮名称中的"s"是德语中"远程"的开头字母,"FH"则是"野战榴弹炮"(Field Howitzer)的意思。

TOP2 美国 M198 155 毫米榴弹炮

M198榴弹炮是美国于20世纪60年代研制的155毫米榴弹炮,主要用户为美国陆军和美国海军陆战队。

排名依据： M198 榴弹炮的整个研制周期历时 11 年，进行了各种环境试验、强度试验、重要部件考核改进试验以及部队使用和鉴定试验等，累计发射了 13 万发炮弹。此外，M198 是美国陆军和美国海军陆战队使用多年的牵引式榴弹炮。因此，该型炮性能优异且可靠性极强。

M198 榴弹炮后方特写

建造历程

20 世纪 60 年代，为了取代当时已沿用了 20 多年的 M114A1 式 155 毫米榴弹炮，美国陆军提出发展可用 CH-47 直升机吊运、具有战略机动性的新型 155 毫米榴弹炮，并要求其发射火箭增程弹的射程达到 30 千米。新型榴弹炮于 1968 年 9 月开始研制，1969 年制造出一门样炮，称为 XM198 式。1970 年 4 月进行样炮的系统鉴定，同年 10 月完成设计工作。1972 年 4—5 月交付了 10 门样炮，1972 年 10 月至 1975 年初进行可靠性试验。1975 年 2 月到 1976 年 10 月制造出 4～9 号改进型样炮，进行第二阶段的研制与使用试验。1976 年 12 月正式定型为 M198 榴弹炮。

1979 年 4 月，M198 榴弹炮开始正式装备美国陆军步兵师、空降师、空中机动师和海军陆战队的炮兵营以及部分军属炮兵的炮兵营，每个连队装备 8 门。除美国外，澳大利亚、比利时、希腊、巴基斯坦、沙特阿拉伯、泰国、土耳其、突尼斯、厄瓜多尔、洪都拉斯、黎巴嫩等国也有装备。

Chapter 04　牵引式榴弹炮

海湾战争期间的美军 M198 榴弹炮

M198 榴弹炮正在开火

主体结构

　　M198 榴弹炮采用 M199 式炮身。螺式炮闩装有 M53 式击发机构和制式紧塞垫及紧塞环。炮尾装有 1 个用 3 种颜色表示炮管受热情况的警报器，炮手可根据颜色情况调节发射速度，避免身管过热。当身管温度超过 350℃时，发出警报，此时应立即停止射击。双室炮口制退器重 113.4 千克，效率

127

为17%，但在炮手工作区域内的超压噪声较大，炮手需佩戴DH—178式头盔。使用8号装药时，需用一根7.5米长的拉火绳远距离拉发，避免炮手受冲击波的严重影响。行军时，炮身需向后回转180°，固定在大架上，以缩短行军长度。

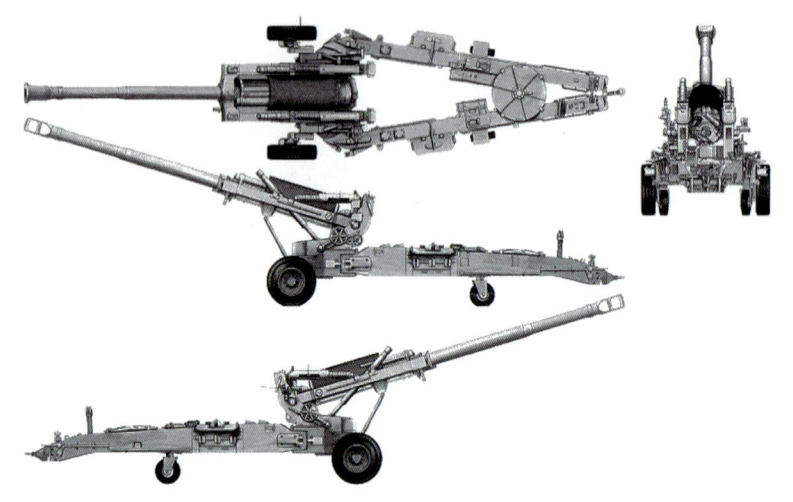

M198榴弹炮三视图

作战性能

M198榴弹炮可发射多种炮弹，包括M107式榴弹、M795式榴弹、M549A1式火箭增程弹、M449式杀伤子母弹、M712式激光制导炮弹、M454式核炮弹、M825式黄磷发烟弹、M485式照明弹、M631式催泪弹和M110式芥子化学弹等。上述弹药均使用M119A1式（7号）、M203式（8号）和M211式小号发射药装药。

M198榴弹炮发射时产生的烟雾

Chapter 04 牵引式榴弹炮

趣闻逸事

1979 年 2 月对 19 门 M198 定型样炮进行部队使用试验。从 1968 年开始设计到 1979 年完成最后部队使用试验，整个研制周期历时 11 年，进行了各种环境试验、强度试验、重要部件考核改进试验以及部队使用和鉴定试验等，累计发射了 13 万发炮弹。

M198 榴弹炮可由 CH-47 直升机吊运

TOP1 英国 M777 155 毫米榴弹炮

M777 榴弹炮是英国于 21 世纪初研制的 155 毫米榴弹炮，现已被美国、加拿大、澳大利亚、沙特阿拉伯和印度等国的军队采用。

129

排名依据： M777 榴弹炮具有低轮廓、高生存力以及快速部署和装载能力等特点，因此它可在最具挑战性的战场环境中快速进入发射阵地。M777 榴弹炮可为在城区、丛林以及山地作战的步兵提供火力支援，可以全天时、全天候使用，在阿富汗和伊拉克实战使用中证明了该型榴弹炮的有效性。因而 M777 榴弹炮备受世界各国的青睐。

M777 榴弹炮正在开火

建造历程

M777 榴弹炮是由英国 BAE 系统公司的全球战斗系统部门（Global Combat Systems division）制造的，主要生产线位于英国巴罗因弗内斯，负责钛合金结构与制退组件的制造与组装，最终组装与测试工作则由 BAE 系统公司位于美国密西西比州哈提斯堡的工厂负责。最早测试 M777 榴弹炮的部队是位于北卡罗来纳州布拉格据点的美国陆军第 18 野战空降炮兵旅，其他测试部队还包括第 321 野战炮兵团第一营及第三营。M777 榴弹炮的缺点在于大量使用钛和铝合金材料，使得造价大增，每门炮造价约 70 万美元，相当于 M198 榴弹炮的 1.5 倍，这也限制了该炮的生产和装备数量。

美国陆军 M777 榴弹炮正在进行实弹训练

Chapter 04 牵引式榴弹炮

主体结构

M777 榴弹炮是世界上第一种在设计中大规模采用钛和铝合金材料的火炮系统，从而使得该炮的重量是常规 155 毫米火炮重量的一半。相较于 M198 榴弹炮，M777 榴弹炮轻巧的外形更容易利用飞机（如 V-22 "鱼鹰"倾转旋翼机或 CH-47 直升机）或卡车搬运，迅速进出战场。所有 2.5 吨级的卡车都能轻易地牵引 M777 榴弹炮，危急时刻甚至连"悍马"越野车也能拉上 M777 榴弹炮快速转移。C-130 运输机可载运的 M777 榴弹炮也比 M198 榴弹炮多，节省了运输成本与转移时间。而小巧的尺寸也有利于平时的收存与搬运。

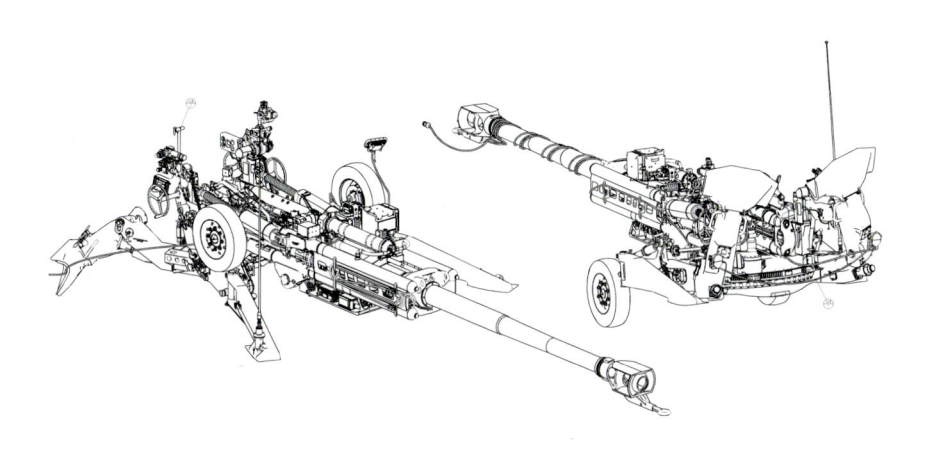

M777 榴弹炮示意图

作战性能

M777 榴弹炮操作简单，反应迅速。虽然 M777 炮兵编制是 9 人，但只要 5 人就可以在 2 分钟内完成射击准备。M777 榴弹炮能够编程并发射 M982 "神剑"制导炮弹，这种炮弹使 M777 榴弹炮的射程达到 40 千米，射击精度达到 10 米以内。

全球重武器 TOP 精选（珍藏版）

正在执行任务的 M777 榴弹炮

趣闻逸事

在 2003 年伊拉克战争中的巴士拉之战中，8 门被军用卡车以 60 千米/小时的速度越野牵引的 M777 榴弹炮在行进间接到了海军陆战队第一远征队的火力支援要求。在不到 2 分钟的时间，8 门 M777 榴弹炮就完成了停车、架设和开火一系列战术动作。三轮急速射击后，8 门 M777 榴弹炮迅速转移到了 3 千米外的另一个火炮阵地，整个过程不到 5 分钟。

军用直升机正在吊运 M777 榴弹炮

自行火炮

▶▶ Chapter 05

TOP 10

　　自行火炮是与车辆底盘构成一体自身能运动的火炮，由于其越野性能好，进出阵地快，多数有装甲防护，战场生存力强，有些还可浮渡，因此更有利于不间断地实施火力支援，使炮兵和装甲兵、摩托化步兵的战斗协同更加紧密。本章将详细介绍自行火炮建造史上影响力最大的十种型号，并根据综合性能、作战影响以及威力大小等因素进行客观公正的排名。

整体展示

建造数量、服役时间和研制厂商

TOP10 日本99式155毫米自行火炮

建造数量	80门左右
服役时间	2001年至今
三菱重工	三菱重工是日本综合机械机器厂商，也是日本最大的国防工业承包商，为三菱集团的旗下企业之一。其业务范围相当广泛，涵盖交通运输、铁路车辆、武器、军事装备、船舶、电动马达、发动机、航空太空、能源、空调设备以及其他各种机械设备的生产制造

TOP9 韩国K9 155毫米自行火炮

建造数量	450门以上
服役时间	1998年至今
韩国三星造船与重工业公司	1973年韩国政府为了推动经济进一步发展，实现高度的经济独立，决定鼓励重化工业发展。三星响应政府号召，为韩国重工业、化学和石油等几个未来战略性工业领域奠定了基础

TOP8 俄罗斯2S9 120毫米自行火炮

建造数量	1000门以上
服役时间	1981年至今
莫托维利哈工厂	莫托维利哈工厂位于俄罗斯彼尔姆市，生产过诸多武器

TOP7 美国M107 175毫米自行火炮

建造数量	未知
服役时间	1962年至1979年
富美实公司	富美实公司（FMC）的总部位于美国，是世界最著名的多元化化学企业之一

TOP6 法国 CAESAR 155 毫米自行火炮

建造数量	200 门左右
服役时间	2003 年至今
法国地面武器工业集团 (GIAT)	GIAT 是历史悠久的法国军火制造商,又称伊西莱姆利罗公司,其前身可追溯到 1690 年。当时波旁王朝国王路易十四在小镇图尔设立兵工厂,从事王家军队的武器生产。其总部设在巴黎郊外的布尔歇

TOP5 美国 M142 227 毫米自行火炮

建造数量	900 门以上(计划)
服役时间	2005 年至今
洛克希德·马丁公司	洛克希德·马丁公司(Lockheed Martin)是一家美国航空航天制造厂商,1995 年由洛克希德公司与马丁·玛丽埃塔公司共同合并而成。洛克希德·马丁公司以开发、制造军用飞机闻名世界,旗下产品被诸多国家所采用。目前洛克希德·马丁公司的总部位于马里兰州蒙哥马利县的贝塞斯达

TOP4 英国 AS-90 155 毫米自行火炮

建造数量	179 门
服役时间	1993 年至今
BAE 系统公司	BAE 系统公司是 1999 年 11 月由英国航空航天公司 (BAE) 和马可尼电子系统公司 (Marconi Electronic Systems) 合并而成的。2000 年,在世界 100 家最大军品公司中居第三位

TOP3 德国 PzH2000 155 毫米自行火炮

建造数量	300 门以上
服役时间	1998 年至今
德国莱茵金属公司	德国莱茵金属公司(Rheinmetall GmbH)是德国一家战斗车辆武器配件及防卫产品制造商,著名的产品包括豹 2、M1A1、M1A2 等装甲车辆及自行火炮的主炮
德国克劳斯-玛菲·威格曼公司	德国克劳斯-玛菲·威格曼公司是一家总部位于慕尼黑的德国国防工业公司。公司主要从事军用轮式/履带式车辆和工兵设备的研发、制造及销售,并是这一产品领域的欧洲市场领先者

TOP2 俄罗斯 2S5 152 毫米自行火炮

建造数量	700 门以上
服役时间	1978 年至今
俄罗斯陆军	俄罗斯陆军建立于 1946 年 2 月，是苏联/俄罗斯武装力量的地面部队

TOP1 美国 M109 155 毫米自行火炮

建造数量	3000 门以上
服役时间	1963 年至今
凯迪拉克公司	凯迪拉克是美国在历史上最古老的汽车品牌，其次是通用别克 (Buick) 汽车。凯迪拉克于 1902 年创立于密歇根州的底特律，前身为亨利福特公司 (Henry Ford Company)

主体尺寸

1 TOP10 日本 99 式 155 毫米自行火炮

高度 4.3 米
宽度 3.2 米
长度 11.3 米

2 TOP9 韩国 K9 155 毫米自行火炮

高度 2.73 米
宽度 3.4 米
长度 12 米

Chapter 05　自行火炮

3　TOP8　俄罗斯 2S9 120 毫米自行火炮

高度 2.3 米
长度 6.02 米
宽度 2.63 米

4　TOP7　美国 M107 175 毫米自行火炮

高度 3.47 米
宽度 3.15 米
长度 6.46 米

5　TOP6　法国 CAESAR 155 毫米自行火炮

高度 3.7 米
长度 10 米
宽度 2.55 米

6　TOP5　美国 M142 227 毫米自行火炮

高度 3.2 米
宽度 2.4 米
长度 7 米

7　TOP4　英国 AS-90 155 毫米自行火炮

高度 2.49 米
长度 9.07 米
宽度 3.5 米

8　TOP3　德国 PzH2000 155 毫米自行火炮

高度 3.1 米
宽度 3.6 米
长度 11.7 米

全球重武器 TOP 精选（珍藏版）

9　TOP2　俄罗斯 2S5 152 毫米自行火炮

高度 2.76 米
长度 8.33 米
宽度 3.25 米

10　TOP1　美国 M109 155 毫米自行火炮

高度 3.25 米
宽度 3.15 米
长度 9.1 米

基本战斗性能对比

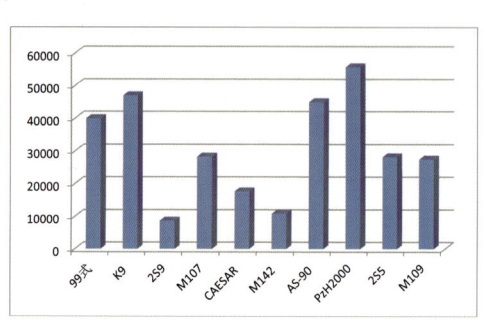

自行火炮重量对比图（单位：千克）

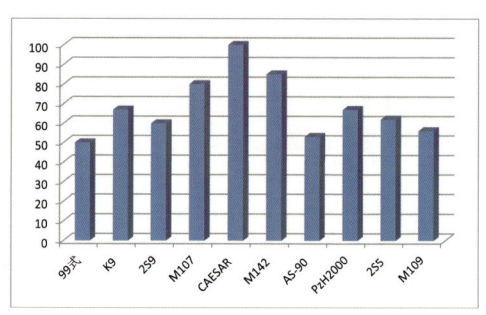

自行火炮最大速度对比图（单位：千米/时）

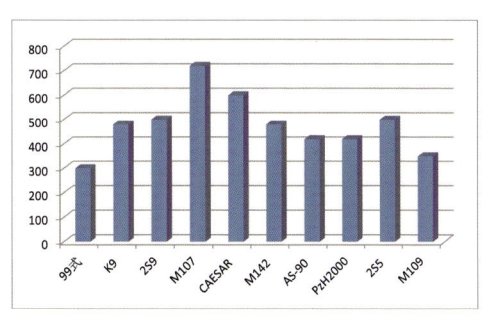

Chapter 05　自行火炮

自行火炮最大行程对比图（单位：千米）

TOP10 日本 99 式 155 毫米自行火炮

日本 99 式是日本陆上自卫队主要装备的自行火炮，2001 年开始服役。

排名依据：99 式自行火炮全面取代了风光一时的 75 式 155 毫米自行榴弹炮，成为日本陆上自卫队的主要炮兵装备。99 式自行火炮的配套性能相当完善。但就总体性能而言，和美国的十字军战士自行榴弹炮相比，99 式还是要差一截。不过，99 式这样水平的自行火炮仍将是日本未来一二十年的首选炮车。

99 式自行火炮前侧方特写

建造历程

1983 年，日本获得了特许生产瑞典 FH70 牵引式榴弹炮的许可证，生产出的榴弹炮装备本州以南的炮兵团。FH70 发射普通榴弹时的最大射程达到 24 千米，发射火箭增程弹时达到 30 千米。这导致本应装备最先进武器装备的北海道师属炮兵团，其自行榴弹炮的性能大大落后于本州以南各炮兵团。于是，日本从 1985 年起着手研制新型自行榴弹炮，并委托小松制作所和三菱重工联合进行设计工作。1992 年，提出了新型自行榴弹炮的战术技术指标，并开始设计和部件试制。1994 年，生产出技术演示样车。1996 年，开始了技术试验。1997—1998 年，开始了使用试验。1999 年底，定名为 99 式 155 毫米自行火炮。2002 年，99 式自行火炮的采购单价为 9.5 亿日元（约 800 万美元），甚至超过了 90 式主战坦克。

行驶中的 99 式自行火炮

Chapter 05　自行火炮

主体结构

99式自行火炮的车体前部左侧为动力舱，右侧为驾驶室，车体的中后部为战斗室。车体部分的外观和日本89式步兵战车很相像。日本称99式自行火炮的车体是新设计的，但底盘上的某些部件可以和89式步兵战车通用。99式自行火炮的炮塔为铝合金装甲全焊接结构，炮塔内左前部为车长，后面是装填手，右前部为炮长，炮塔后部为炮尾部及自动装弹机机构。尽管炮塔内有自动装弹机，但车内还是有1名装填手。

炮车上的舱门包括驾驶员舱门、炮塔顶部的2个舱门、炮塔两侧的2个舱门、车体后门等。炮塔后部右侧还有1个突出的装甲壳体，可以和供弹车对接，对接后即可自动向车内补充弹药。99式自行火炮的车体前部中央有炮身的行军固定器，这是一套遥控自动装置，炮身的固定和解脱以及行军固定器的竖起和放倒，都可以在车内遥控操纵。

99式自行火炮三视图

作战性能

99式自行火炮的火炮为52倍口径的长身管155毫米榴弹炮，带自动装弹机。其炮口制退器为多孔式，结构上和德国PzH2000自行火炮类似。99式自行火炮可以发射北约标准的155毫米弹药，其装药为新研制的99式发射药。根据组合，可以发射1～6个药包，达到不同的射程。新发射药的最大特点是降低了火药燃气对身管内膛的烧蚀，从而可以延长炮管的寿命。火炮发射普通榴弹的最大射程为30千米，发射底部排气弹的最大射程达40千米。

99式自行火炮的火控系统高度自动化，具有自动诊断和自动复原功能。尽管炮车上没有GPS系统，但装有惯性导航装置（INS），可以自动标定自身位置，并且可以和新型野战指挥系统共享信息。这样，从炮车进入阵地到发射第一发弹，仅需要 1 分钟的时间，便于采取"打了就跑"的战术。

正在开火的 99 式自行火炮

趣闻逸事

关于 99 式自行火炮的命名有一个小插曲。由于是 1999 年底到 2000 年初定型，究竟是命名为 99 式，还是零式，日本军方颇费周折。可能是在第二次世界大战时期日本有著名的零式战斗机，为避免重复，最终定名为 99 式自行火炮。

正在开火的 99 式自行火炮

TOP9 韩国 K9 155 毫米自行火炮

K9 自行火炮是韩国于 20 世纪 90 年代研制的 155 毫米 52 倍口径的自行火炮。

排名依据： K9 自行火炮是韩国自主研制的自行火炮，韩国因此成为世界第二个、亚洲第一个装备此类自行火炮的国家。K9 自行火炮以其优良的性能为韩国陆军在山地战场提供了有效的远程火力支援。停车时，K9 自行火炮可在 30 秒内开火，行军时可在 60 秒内开火。利用车载火控系统，该型火炮可实现 3 发弹同时弹着。

建造历程

多年来，韩国自行火炮的主力一直是美国 M109A2 式 155 毫米 39 倍口径自行火炮。20 世纪 80 年代末，为满足 21 世纪的作战需求，韩国陆军拟定了新型 155 毫米 52 倍口径自行火炮的研制计划，关键性能要求包括提高射速、射程、射击精度及高机动性等。经过竞争，韩国三星造船与重工业公司成为新型自行火炮的主承包商。1994 年，第一门样炮 XK9 完成。随后，在全尺寸研制阶段又制造了 3 门试生产型火炮系统，其中第 3 门完成于 1998 年。在试验中，新型自行火炮的机动性和射击可靠性得到了检验，截至 1998 年底，累计行程 18000 千米，发射弹药 12000 发。1998 年，韩国陆军将 XK9 定型为 K9，随后组建了第一个炮兵营，包括 3 个炮兵连，每个连装备 6 门 K9 自行火炮。

K9 自行火炮多角度特写

主体结构

K9 自行火炮的炮塔和车体为钢装甲全焊接结构，最大装甲厚度为 19 毫米，可防中口径轻武器火力和 155 毫米榴弹破片。乘员组为 5 人，即 1 名驾驶员和战斗乘员舱内的 4 名乘员（车长、炮长、炮长助手和装填手）。车长和炮长位于炮塔右侧。车长前上方装有 1 挺用于防空和自卫的 M2 式 12.7 毫米机枪（备弹 500 发），配有向后开启的单扇舱口盖。炮塔顶部左侧装有间接射击瞄准镜。

驾驶员位于车体前部左侧，发动机在右侧。油箱在车体右前方，蓄电池箱在左前方。底盘后部有一大舱门，供乘员进出和弹药补给使用。驾驶员头顶上方向后开启的舱口盖可在水平位置锁住。其前方装有 3 具潜望镜，中间 1 具可更换为被动夜视型。

Chapter 05　自行火炮

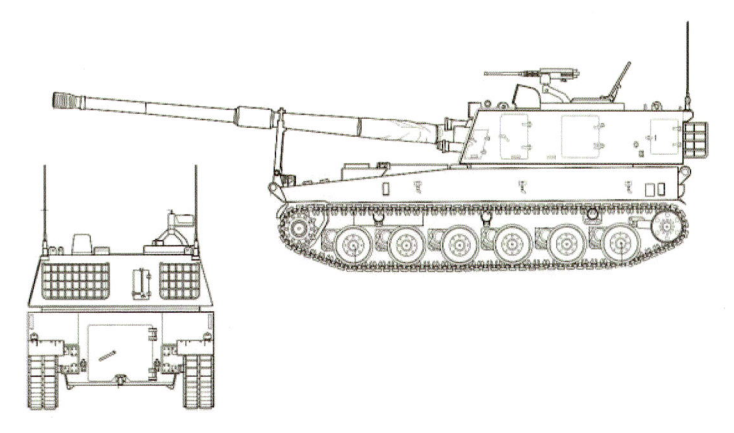

K9 自行火炮示意图

作战性能

K9 自行火炮装有 21 发底火自动装填装置，可自动输送、插入和抽出底火。自动装填系统可从炮塔尾舱的弹丸架上取出弹丸，然后放入输弹槽，以备输弹。发射药装药为人工装填。火炮的最大射速为 6～8 发/分（3 分钟内），爆发射速为 3 发/15 秒，持续射速为 2～3 发/分（1 小时内）。该炮可发射所有北约制式 155 毫米弹药，包括杀伤爆破弹、杀伤爆破底排弹、火箭增程弹、子母弹、发烟弹、照明弹和化学弹等。此外，还可发射各种类型的全膛增程弹，包括底排型。

正在开火的 K9 自行火炮

趣闻逸事

韩国国防部 2009 年 12 月 3 日透露，韩国一个武器测试基地当天发生爆炸，造成 1 人死亡，5 人受伤。爆炸发生在抱川市苍水面国防科学研究所枪弹试验场。国防科学研究所研究员在多乐台射击场进行 K9 高炮弹性能试验时，发生了这起爆炸事故。抱川位于韩国首都首尔东北 40 千米处。

K9 自行火炮参与作战训练

TOP8 俄罗斯 2S9 120 毫米自行火炮

2S9 自行火炮是苏联于 20 世纪 70 年代研制的一种可用于空降的 120 毫米自行迫击炮，绰号"银莲花"(Anemone)。

Chapter 05　自行火炮

排名依据： 2S9 自行火炮性能优异，可提供苏联空降部队于空降作战时所需的间接与直接支援火力，特别是可直接作为反坦克武器使用。2S9 自行火炮既可作榴弹炮使用，又可发射迫击炮弹，还可向装甲目标直接瞄准射击。这种快速机动的多用途自行火炮的出现打开了火炮设计的新局面。

参展的 2S9 自行火炮

建造历程

2S9 自行火炮于 20 世纪 70 年代后期研制，1979 年开始批量生产并一直持续到 1989 年。1981 年，2S9 自行火炮开始装备苏联军队。除了苏联空降突击师外，少数陆军部队和海军步兵也有部署，也曾参与 1979 年阿富汗战争，战后苏联将部分车辆转交阿富汗政府军使用。苏联解体后，俄罗斯军队仍继续使用 2S9 自行火炮。此外，阿塞拜疆、白俄罗斯、吉尔吉斯斯坦、摩尔多瓦、土库曼斯坦、乌克兰、乌兹别克斯坦等国也仍有一定数量的 2S9 自行火炮服役。

2S9 自行火炮多角度特写

主体结构

2S9 自行火炮以加长型 BMD 空降战斗车为底盘，车体和炮塔由钢板焊接而成，装甲最厚处 16 毫米，防护能力较差。承载系统与 BMD 空降战斗

147

车相同，采用扭力杆承载系统，但路轮数量由 5 对增至 6 对。底盘距地高度可在 100～450 毫米间调整，方便空降作业。2S9 自行火炮具备基本的两栖操作能力，入水后可利用喷水系统前进。

车体结构可分成指挥舱、战斗舱和动力舱三个区段。指挥舱位于车体前段、炮塔之前的位置，驾驶员和车长乘坐于此，并分别配有 3 具潜望镜，车长另配置通信和导航装备。中央段为战斗舱和炮塔，炮手和装填手分置在左右两侧，炮塔底部为装有 60 枚炮弹的弹药箱。后段的动力舱装有 1 具 5D20 柴油发动机，最大输出功率为 224 千瓦，推重比为 20 千瓦/吨，机动性优于大多数主战坦克。

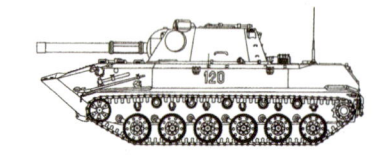

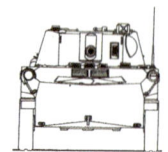

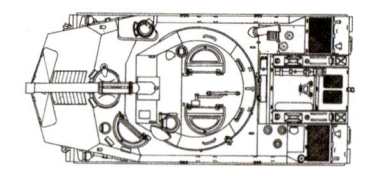

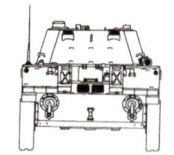

作战性能

2S9 自行火炮的主炮为 2A60 120 毫米后膛装填式迫击炮，

2S9 自行火炮三视图

具有极为少见的间断式螺旋炮闩机构（Interrupted-screw breech），装填炮弹采用人工作业，最高射速可达 10 发/分。使用的弹药按射击方式可分为间接射击和直接射击两大类：间接射击时可选用高爆炮弹、白磷弹和烟幕弹等弹种，发射高爆弹时最大射程 8855 米，若使用火箭助推炮弹时最大射程可达 12.8 千米；直接射击时使用反坦克高爆弹，可击穿 600 毫米厚均质钢板。

Chapter 05　自行火炮

趣闻逸事

2S9 自行火炮绰号"银莲花"（Anemone），银莲花别名华北银莲花、毛蕊茛莲花，是毛茛科银莲花属植物，多年生草本。

正在开火的 2S9 自行火炮

TOP7 美国 M107 175 毫米自行火炮

M107 自行火炮是美国生产的履带式自行火炮系列之一。

149

排名依据： M107 的最高行驶速度可以达到 80 千米 / 时左右，此数据是在德国的格拉芬沃尔坦克训练场测得的。这个速度比演习中加拿大装甲车和主战坦克的速度还要快。在实际使用中，得益于 M107 敞开式的炮塔，与 M109 紧凑的装甲炮塔相比，可以让炮手的活动更加自如。M107 自行火炮是冷战期间美国最重要的自行火炮之一，并被其他多个国家采用。

M107 自行火炮炮管特写

建造历程

M107 自行火炮在 1962 年推出，由美国富美实公司生产。M107 自行火炮与 M110 自行火炮为同时期研制，由于当时美军的共通需求，因此两者采用了同一个系列的底盘。美军装备的 M107 自行火炮在 20 世纪 70 年代后期退役，随后这些车体大多被改装为 M110 自行火炮。除美国外，以色列、德国、西班牙、韩国、希腊、荷兰、伊朗、意大利、英国、土耳其及其他部分北约国家等也有采用，其中以色列多次将 M107 自行火炮用于中东战争中。

士兵正在使用 M107 自行火炮

主体结构

M107 自行火炮每侧有 5 个负重轮,主动轮在前,由 1 台 336 千瓦的二冲程的带有涡轮增压器和机械增压器的柴油机驱动。涡轮增压器通过一根钢制空心轴与机械增压器相连。驾驶员位于车体的左前部,其右侧是变速箱。炮塔的旋转由液压泵驱动,液压泵的动力来自发动机,也可通过摇柄手动旋转。手动装置的主要作用是用来在战斗中操作火炮,因为液压泵的主要工作是实现火炮的复进、装填炮弹和发射弹药,控制车尾的驻锄。火炮的方位由炮手负责,仰俯角度由副炮手负责。M107 自行火炮采用的开放式车体设计虽然可降低重量,但使防护能力大幅减弱,极长的炮管亦影响车体的平衡。

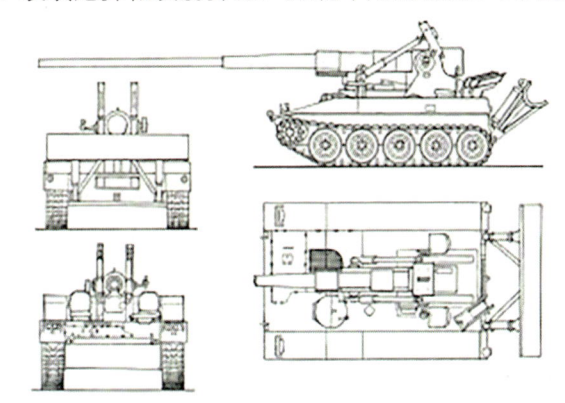

M107 自行火炮三视图

作战性能

M107 自行火炮的主要攻击目标是敌方的指挥中心、控制中心和通信中心,以及补给列车。两个 M107 车组在平射情况下,有能力在主战坦克进入有效射程之前,击毁排成纵队的 1 个连的坦克。为了尽快使火炮投入战斗,车组乘员必须技术熟练,配合默契。驾驶员、炮长、车长间必须通过交流,实现粗调车体方向的同时完成火炮的瞄准和射击参数的设定。

正在开火的 M107 自行火炮

趣闻逸事

在阿以战争中，以色列频繁使用 M107 自行火炮，当受到阿拉伯国家火箭弹在射程上的压制时，以色列在射程上对 M107 自行火炮做了升级——发射以色列制造的全装药炮弹，可以精确打击 50 千米内的目标。

博物馆参展的 M107 自行火炮 　　从以色列退役的 M107 自行火炮

TOP6 法国 CAESAR 155 毫米自行火炮

Chapter 05　自行火炮

CAESAR（凯撒）自行火炮是法国研制的 155 毫米轮式自行火炮，由法国地面武器工业集团设计和生产。

排名依据： CAESAR 自行火炮拥有先进的设计理念和制造技术，备受国际火炮专家推崇。不同于有炮塔的自行火炮，CAESAR 自行火炮的突出标志是没有炮塔，其结构简单、系统重量轻，具有优秀的机动性能。作为车载炮的先行者，CAESAR 性能完善，价格极具竞争力，因而很快风行世界。

CAESAR 自行火炮前侧方特写

建造历程

CAESAR 自行火炮最初是由法国地面武器工业集团（GIAT）自筹资金研制的，它是将一门 155 毫米 52 倍口径榴弹炮装在 6×6 型卡车上的轻型火炮系统，恰逢其时地满足了快速反应部队装备建设的需要。2003 年初，GIAT 向法国陆军提供了 5 套系统，用于广泛的用户试验。2003 年 10 月，法国陆军决定采购更多的 CAESAR 自行火炮，而不是继续升级老式的 AUF1 155 毫米履带式自行火炮。除法国外，沙特阿拉伯、泰国和印度尼西亚等国也已采用了 CAESAR 自行火炮。

CAESAR 自行火炮参与作战训练

153

主体结构

CAESAR 底盘从前往后，是乘员舱、弹药舱、火炮。乘员舱无夜视器材，左右各开一个比较大的车门，前后排乘员共用车门。CAESAR 采用了 GIAT 公司的 TRF1 型 155 毫米牵引榴弹炮炮架上部，更换了 52 倍口径身管。炮口制退器为双气室式。药室容量为 23 升，符合《北约弹道谅解备忘录》中的规定。火炮可以发射所有北约现役炮弹。CAESAR 自行火炮在射击时要在车体后部放下大型驻锄，使火炮成为稳固的发射平台，这是它与具有炮塔的自行火炮的又一大区别。

CAESAR 自行火炮后方特写

作战性能

CAESAR 自行火炮的最大优点就是机动性强。它的尺寸和重量都较小，非常适合通过公路、铁路、舰船和飞机进行远程快速部署。CAESAR 自行火炮可协同快速机动部队作战，公路最大速度达 100 千米/时，最大越野速度达 50 千米/时。它能够快速地进入作战地区，能够在 3 分钟内停车、开火和转移阵地。

　　CAESAR 自行火炮还配备了车载火控系统和导航系统、定位系统，能够得知自身所处的位置。它所搭载的 155 毫米榴弹炮结构坚固、发射速度快、射程远、精度高。持续射击速度为 6 发/分，最大射程可达 42 千米。

被部署在战场上做准备工作的 CAESAR 自行火炮

趣闻逸事

　　西方国家多爱以"凯撒"进行命名，著名的有罗马帝国的奠基者"凯撒大帝"，他就曾被尊为"神圣的尤利乌斯"。

正在开火的 CAESAR 自行火炮

TOP5 美国 M142 227 毫米自行火炮

M142 自行火炮是美国于 21 世纪初开始研制的自行火箭炮，正式名称为 M142 高机动性炮兵火箭系统，简称 HIMARS，音译为"海马斯"。

排名依据：M142 自行火炮具有机动性能高、火力性能强、通用性能好等特点，M142 在设计上具有很强的通用性，发射弹药通用性强，可携带 6 枚火箭弹或 1 枚"陆军战术导弹系统"，能够发射目前和未来多管火箭炮系统的所有火箭和导弹。是美国陆军和海军陆战队最新型的自行火炮之一。

M142 自行火炮前方特写

Chapter 05　自行火炮

建造历程

　　M142 自行火炮于 2002 年结束工程研制，有 3 门样炮编入第 18 空降军属炮兵旅，并在伊拉克战争中试用，为轻型机动作战部队提供火力支援，成功地完成了许多重大的火力支援任务。2003 年 4 月，洛克希德·马丁公司得到一份小批量试生产合同。2004 年 11 月，M142 成功地完成了大量作战试验，发射了所有类型的火箭弹并在作战环境中发射了大量训练火箭弹。

　　2005 年 1 月，洛克希德·马丁公司赢得了一份价值 1.091 亿美元的合同，继续进行 M142 第三阶段低速试生产工作，以满足美国陆军和海军陆战队的需求。根据合同，M142 低速试生产获得了第三笔资金，采购总量有望超过 900 套。2005 年，M142 形成初始作战能力，主要担负为早期进入战区的应急作战部队以及轻型师、空降师和空中突击师等提供火力支援的任务。

M142 自行火炮正在装运弹药

主体结构

M142 主要由 M270 火箭炮的一组六联装定向器、M1083 系列 5 吨级中型（6×6）战术车辆底盘、火控系统和自动装填装置组成，其火控系统、电子和通信设备均可与目前的美国 M270A1 多管火箭炮通用，且乘员人数及其训练方式也是相同的。战术车辆底盘后部安装了一个发射架，发射架上既可装配 1 个装有 6 发火箭弹的发射箱，也可以装配 1 个能装载和发射 1 枚陆军战术导弹的发射箱。此外，M142 适于使用系列多管火箭炮系统（MLRS）火箭弹，含陆军战术导弹系统（ATACMS）和制导型多管火箭炮系统火箭弹。

M142 自行火炮后侧方特写

作战性能

M142 能为部队提供 24 小时全天候的支援火力，不仅可以发射普通火箭弹，也可以发射 GMLRS 制导火箭弹和"陆军战术导弹系统"，具备打击 300 千米以外目标的能力。一个 9 门制的 M142 炮兵连一次齐射的威力相当于一个 18 门制的 155 毫米榴弹炮营发射双用途子母弹（72 颗子弹药）27 次齐射的威力。另外，M142 炮兵连可以在 30 秒钟内完成的射击任务，155 毫米榴弹炮营则要花费 12 分钟才能完成。

正在开火的 M142 自行火炮

Chapter 05　自行火炮

趣闻逸事

2005 年 6 月，美国陆军第 18 空降军第 27 野战炮兵营开始列装 M142 高机动多管火箭炮系统，成为第一个 M142 野战炮兵营。

M142 自行火炮驶出运输机

TOP4 英国 AS-90 155 毫米自行火炮

AS-90 是英国维克斯造船与工程公司（现为 BAE 系统公司）研制的轻装甲自行火炮，是英国陆军最新型的自行火炮之一。

159

排名依据：AS-90可靠性非常好，在长时间射击时，火炮不会过热和烧蚀。AS-90自行火炮还积极开拓国际市场，具有很高的出口潜力。

AS-90自行火炮前侧方特写

建造历程

为了替换老式的"阿伯特"105毫米榴弹炮和M109自行火炮，英国原计划与德国、意大利联合研制新型自行火炮，但该计划不幸夭折。1981年，英国陆军发出招标，最终英国维克斯造船与工程公司的AS-90方案中标。1993年，AS-90自行火炮开始装备英国陆军。

AS-90自行火炮正在进行爬坡训练

主体结构

AS-90 的炮塔采用了维克斯造船与工程公司 GBT155 通用炮塔的改进型。AS-90 的炮塔内留了较大的空间，可以在不作任何改动的情况下换装 52 倍径的火炮，动力舱也可以换装更大功率的发动机。

AS-90 自行火炮示意图

作战性能

AS-90 自行火炮的火控系统非常先进，由惯性动态基准装置、炮塔控制计算机、数据传输装置等组成，可以完成自动测地、自动校准、自动瞄准等工作，使 AS-90 自行火炮的独立作战能力大大提高。AS-90 自行火炮的辅助武器为 1 挺 7.62 毫米的 GPMG 防空机枪，还有 2 具五联装烟雾弹发射器。AS-90 自行火炮的炮塔内留有较大的空间，可以在不作任何改动的情况下换装 155 毫米 52 倍径的火炮，动力舱也可以换装更大功率的发动机。155 毫米炮弹由半自动装弹机填装，使 AS-90 自行火炮可以保持较高的射速，充分发挥强大的火力。

部署在战场上的 AS-90 自行火炮

趣闻逸事

AS-90 自行火炮有专门针对沙漠地区的版本，型号为 AS-90D，是在原有的基础上加强了冷却装置。

正在开火的 AS-90 自行火炮

TOP3 德国 PzH2000 155 毫米自行火炮

PzH2000 自行火炮是德国克劳斯－玛菲·威格曼公司和莱茵金属公司联合研制的 155 毫米自行火炮。

排名依据： PzH2000 是世界上第一种装备部队的 52 倍口径 155 毫米自行火炮，是当今世界上最先进的也是最重的自行火炮之一，但是机动性能尚可。PzH2000 自行火炮还曾在热带和寒带地区进行过试验，试验证明，它能够适应各种极端气候。许多北约国家用它替换原有的美制自行火炮。

Chapter 05 自行火炮

建造历程

行驶中的 PzH2000 自行火炮

20 世纪 80 年代初期，德国、英国、意大利开始合作研制 SP-70 自行火炮，用于取代先前各国使用的美制 M109 自行火炮。由于在发展上存在着分歧，计划在 1986 年底被取消，各个国家开始自行发展。英国陆军发展出 AS-90 自行火炮，意大利选用本国制造的"帕尔玛利"自行火炮，而德国则展开自己的 PzH2000 155 毫米自行火炮的发展计划。1987 年，德国国防技术与采购署和两个竞标团队签订了 1.83 亿马克（约 8 亿元人民币）的研究试制合同，分别研制火炮原型和展开研究计划，最终克劳斯－玛菲·威格曼公司的团队胜出。

1996 年，德国陆军正式宣布 PzH2000 成功通过各项测试并开始量产，并授予克劳斯－玛菲·威格曼公司一份合同，用于生产 185 门 PzH2000 自行火炮，主要子承包商莱茵金属公司生产交付所有的自行火炮底盘。从 1986 年中开始研发到 1996 年正式生产，花费了近 10 年时间，历经测评选型和苛刻测试等诸多环节，使 PzH2000 自行火炮具有优良的可靠性、可用性和操作性。除德国以外，该炮还出口到意大利、挪威、瑞典、丹麦、芬兰、希腊和荷兰等国家。

PzH2000 自行火炮前侧方特写

主体结构

PzH2000 自行火炮的车体前方左部为发动机室，右部为驾驶室，车体后部为战斗室，并装有巨型炮塔。这种布局能够获得宽大的空间。车体的装甲厚度为 10～50 毫米，可抵御榴弹破片和 14.5 毫米穿甲弹。炮塔可加装反应装甲，可有效防御攻顶弹药。另外还有各种防护系统，包括对生、化、核的防护措施。PzH2000 自行火炮的乘员有 5 人，包括车长、炮手、两名弹药手以及驾驶员。

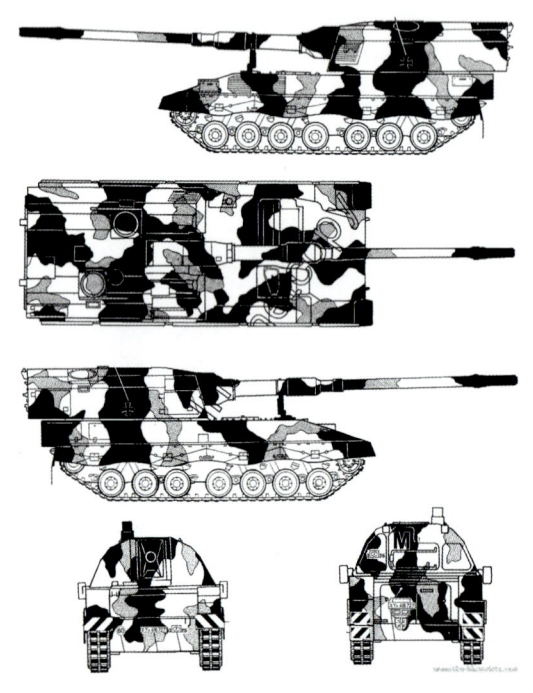

PzH2000 自行火炮三视图

作战性能

PzH2000 自行火炮配置有自动装填机，在弹架中有 32 发可以随时发射的炮弹，总带弹量达到 60 发，爆发射速为 3 发/10 秒，并可以在较长时间内保持 10 发/分的高射速。PzH2000 自行火炮还有 1 挺 7.62 毫米 MG3 机枪和 16 具全覆盖烟幕弹发射器，作为其辅助武器。

Chapter 05　自行火炮

正在开火的 PzH2000 自行火炮

趣闻逸事

"豹"式主战坦克是当前世界上最好的坦克之一。得益于"豹"式主战坦克底盘的优异性能，PzH2000 自行火炮的最大公路行驶速度达到 67 千米/时，越野速度达到 45 千米/时。因此在战场上，PzH2000 自行火炮完全能同"豹"式主战坦克协同作战。

PzH2000 自行火炮参与作战

165

TOP2 俄罗斯 2S5 152 毫米自行火炮

2S5 自行火炮是苏联于 20 世纪 70 年代研制的 152 毫米自行加农炮,绰号"风信子"(Hyacinth)。

排名依据: 2S5 自行火炮是苏联在冷战后期的重要武器之一,主要用于毁伤战术核武器、火炮、指挥所、雷达站和防空兵阵地、有生力量以及后方目标和野外防御工事等。在接获射击任务、进入待射位置后,2S5 自行火炮会将车尾的大型驻锄插入地面,以提供射击时的稳定性,待命备射约需 1 分钟,撤收约需 2 分钟。

2S5 自行火炮后侧方特写

Chapter 05　自行火炮

建造历程

2S5 自行火炮是苏联于 20 世纪 70 年代初期研制的两种 152 毫米火炮之一，另一种是 2A36 152 毫米拖曳式榴弹炮。两者均在 20 世纪 70 年代中期开始量产，但 2S5 自行火炮在当时从未公开展出，而 2A36 则在 1976 年公开展出，故北约授予其 M1976 代号。2S5 自行火炮直到 1981 年才被西方国家所知，故其北约代号为 M1981。2S5 自行火炮于 1980 年开始列装，主要装备苏联炮兵师和集团军属炮兵旅，1 个炮兵连装备 6 门。除苏联外，2S5 自行火炮的其他用户主要是华沙公约组织国家的陆军，并少量出售给芬兰陆军。时至今日，俄罗斯、乌克兰和白俄罗斯等国仍在使用 2S5 自行火炮。

参展的 2S5 自行火炮

主体结构

2S5 自行火炮采用 M1976 式 152 毫米加农炮，安装在底盘后部。火炮装有炮口制退器，没有抽气装置，也不设炮塔。射击时，放下车体后面的大型驻锄，以便承受炮身后坐力。该炮底盘是以 GMZ 装甲布雷车或 M1973 式 152 毫米自行榴弹炮底盘为基础改进的。车体由钢板焊接而成，装甲最厚处为 15 毫米，防护能力不佳。每辆炮车配备 5 名乘员，尚有空间可额外配置 2 名弹药装填手。驾驶员座位在车体前左侧，车长位于驾驶员后面，其他乘员位于车体后段的乘员/战斗舱内。车体上装有 1 挺可遥控的 7.62 毫米机枪与 1 具探照灯。车头下方装有 1 具推土铲，使车辆能在没有工程装备的支援下，自行排除障碍物或构筑工事。

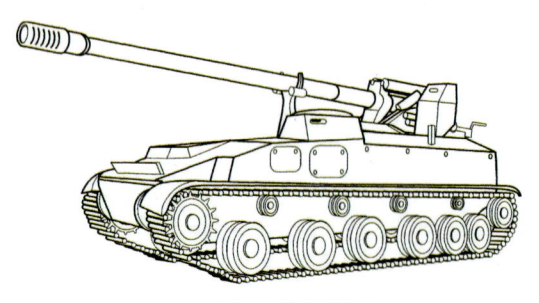

2S5 自行火炮示意图

作战性能

2S5 自行火炮的炮管为 53.8 倍径，无炮身抽气装置，装填弹药时可使用半自动装填系统，以节省人员的体力消耗。最高射速为 6 发/分，战斗室内装有 30 枚待射炮弹。2S5 自行火炮的弹药采用弹头与装药分离的分离式弹药设计。使用的弹药种类，除 46 千克重的高爆破片炮弹（最大射程为 28.4 千米），另有火箭助推式炮弹（最大射程 40 千米），其他还可使用化学炮弹、特殊用途炮弹和战术核子炮弹等，也可发射激光导引炮弹以精确攻击点目标。

2S5 自行火炮的构形设计与美国 M107 和 M110 自行火炮相似，故缺点也大致相同，如战斗室的装甲防护不足，炮班在操炮时容易遭敌方火力杀伤，缺乏核生化防护能力，方向射界（仅左右各 15 度）狭窄，战术运用极为不利等。

正在开火的 2S5 自行火炮

趣闻逸事

2S5 的绰号来自鲜花"风信子"，风信子是多年草本球根类植物，鳞茎卵形，有膜质外皮，皮膜颜色与花色成正相关，未开花时形如大蒜，原产地中海沿岸及小亚细亚一带，是研究发现的会开花的植物中最香的一个品种。喜阳光充足和比较湿润的生长环境，要求排水良好和肥沃的沙壤土等。

2S5 自行火炮参与军事演习

TOP1 美国 M109 155 毫米自行火炮

M109 是一种美制 155 毫米口径自行火炮，于 1963 年开始进入美国陆军服役，提供师和旅级部队所需的非直射火力支援。

排名依据： M109 是世界上装备数量和国家最多、服役期最长的自行火炮之一。作为美军和北约的主力自行火炮，M109 可以用飞机空运。在其服役期间，M109 一直进行着改进，使其始终保持着先进水平。为持续满足未来战场的作战需求，M109 持续进行性能提升与改良计划，最新的改良型为 M109A7，在 XM2001 十字军（Crusader）自行炮发展计划被取消后，M109A7 自行火炮对美国陆军更显重要。

M109 自行火炮前侧方特写

建造历程

美国陆军基于二战期间自行火炮的运用经验，认为有必要发展一种更具打击能力和机动性能的自行火炮，取代现役的 M44 155 毫米自行火炮，以满足未来战场上的非直射火力支援需求。1954 年 6 月，美国陆军决定下一代自行火炮的研发计划内容，分别是 T195 110 毫米自行火炮及 T196 156 毫米自行火炮。1955 年 6 月，研发计划修正，T196 自行火炮的口径改为 155 毫米，并与 T195 自行火炮共用相同的底盘及炮塔，以简化后勤支援。

1959 年 T196 自行火炮第一辆原型车出厂，后因美国陆军决定未来所有装甲战斗车辆的发动机全部改用柴油发动机，T196 自行火炮也进行了动力系统的重新设计与更换，换装柴油发动机的 T196 改称 T196E1。1961 年 10 月，凯迪拉克汽车公司获得美国陆军授予的合约，于克利夫兰陆军坦克厂进行 T196E1 自行火炮量产工作。1963 年 7 月，T196E1 自行火炮初期测评及操作测评结束，美国陆军正式给予 M109 制式编号，并正式进入美国陆军服役。同年，M109 量产合约改授予克莱斯勒汽车公司。

M109 自行火炮炮管特写

2015 年 4 月，美国陆军举办了一个接收仪式，正式接收首批生产型 M109A7 "帕拉丁"综合管理 (PIM) 自行榴弹炮系统。该系统是美国陆军现役 M109A6 "帕拉丁"自行榴弹炮系统的最新改进型，每套系统由 PIM 155 毫米自行榴弹炮和 PIM 野战炮兵弹药补给车 (FAASV) 组成。PIM 项目的成功意味着，经过半个多世纪以来的不断改进，最终将服役期限延长至 2050 年甚至更久，从而有望成为一款"长命百岁""长盛不衰"的武器系统。

Chapter 05　自行火炮

M109 自行火炮参与作战

主体结构

M109 车体结构由铝质装甲焊接而成，但全车未采用密闭设计，亦未配备核生化防护系统，但具备两栖浮游能力。在未准备的状况下可直接涉渡 1.828 米深的河流，如加装呼吸管等辅助装备，则可以每小时约 6 公里的速度进行两栖登陆作业。

全车可搭载乘员 6 人（车长、射手、3 名弹药装填手及驾驶员），驾驶舱位于车身左前方，设有 3 具 M45 潜望镜供驾驶员使用，并配有夜视装备。车长舱口位于炮塔右侧，装有 1 具 M2 12.7 毫米机枪架，可 360 度旋转射击。炮锄无装置动力释放装置在射击前必须以手动操作。

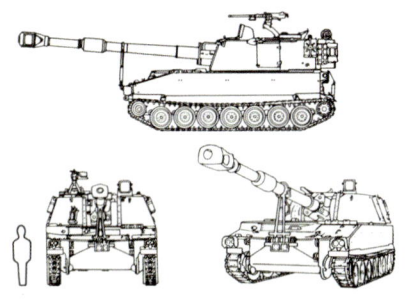

M109 自行火炮三视图

作战性能

M109 自行火炮最初采用 1 门 M126 155 毫米 23 倍径榴弹炮，之后的改进型陆续换装了 M126A1 155 毫米 23 倍径榴弹炮、M185 155 毫米 33 倍径榴弹炮、M284 155 毫米 39 倍径榴弹炮。炮塔两侧各有一扇舱门，后方有两扇舱门供弹药补给使用。辅助武器除 1 挺 12.7 毫米 M2 机枪外，另可加装 40 毫米 Mk 19 Mod 3 榴弹发射器、7.62 毫米 M60 机枪或 7.62 毫米 M240 机枪。M109 系列自行火炮中性能最优异的是 M109A6 型，其炮塔内部加装"凯夫拉"(Kevlar)防弹内衬,提高了保护乘员的能力。增设了半自动弹药装填系统,可维持较高的持续射速。依据美国陆军的规划,每辆 M109A6 自行火炮都将配属 1 辆 M992 野战炮兵弹药补给车,用以支援自行火炮在战场上的弹药需求。

正在开火的 M109 自行火炮

趣闻逸事

M109 系列自行火炮不仅成为北约的制式炮,装备到不少北约国家陆军,而且促进了部分发达国家自行火炮的研制发展。法国于 1977 年研制装备了 AVF1 式 155 毫米自行火炮;英国、德国和意大利联合研制了 SP70 式 155 毫米自行火炮,旨在替代已装备的 M109 自行火炮。

经过简单伪装的 M109 自行火炮

地对地导弹

Chapter 06

TOP 10

　　地对地战略导弹是指从陆地发射攻击陆地目标的导弹，具有射程远、威力大、精度高等特点，已经成为战略核武器的主要组成部分。地对地战术导弹携带核弹头或常规弹头，射程较近，用于打击战役战术纵深内的目标，是地面部队的重要武器。本章将详细介绍地对地导弹建造史上影响力最大的十种型号，并根据综合性能、作战影响以及威力大小等因素进行客观公正的排名。

整体展示

建造数量、服役时间和研制厂商

TOP10 印度"烈火"Ⅲ型地对地导弹	
建造数量	未知
服役时间	2004 年至今
印度国防研发组织	印度国防研发组织始建于 1958 年,由国防科学协会 (DSO) 和诸个科技研发组织,如印度陆军科技研发组织 (TDEs)、工艺研究与生产董事会 (DTDP) 等合并而成。起初该局只是一个包括 10 个实验室的机构,经过多年努力,至今它已发展为拥有 51 个实验室且具有发展性研究能力的技术机构,并已在多方面取得了显著科技成果

TOP9 俄罗斯 OTR-21 "圆点"地对地导弹	
建造数量	400 枚以上
服役时间	1976 年至今
俄罗斯机械制造设计局	俄罗斯机械制造设计局,简称 KBM,是俄罗斯著名的军器制造商

TOP8 美国 MGM-140 陆军战术导弹	
建造数量	3700 枚
服役时间	1990 年至今
洛克希德·马丁公司	洛克希德·马丁(Lockheed Martin)公司是一家美国航空航天制造厂商,1995 年由洛克希德公司与马丁·玛丽埃塔公司共同合并而成。洛克希德·马丁公司以开发、制造军用飞机闻名世界,旗下产品被诸多国家所采用。目前洛克希德·马丁公司的总部位于马里兰州蒙哥马利县的贝塞斯达

Chapter 06　地对地导弹

	TOP7 俄罗斯 OTR-23 "奥卡" 地对地导弹
建造数量	167 枚
服役时间	1979 年至 1989 年
沃特金斯克机器制造厂	沃特金斯克机器制造厂是俄罗斯著名的导弹总装生产厂

	TOP6 俄罗斯 9K720 "伊斯坎德尔" 弹道导弹
建造数量	100 枚以上
服役时间	2006 年至今
俄罗斯机械制造设计局	俄罗斯机械制造设计局，简称 KBM，是俄罗斯著名军器制造商

	TOP5 俄罗斯 RT-2PM "白杨" 弹道导弹
建造数量	200 枚以上
服役时间	1985 年至今
沃特金斯克机器制造厂	沃特金斯克机器制造厂是俄罗斯著名的导弹总装生产厂

	TOP4 俄罗斯 RT-23 洲际弹道导弹
建造数量	未知
服役时间	1987 年至 2004 年
南方设计局	南方设计局位于乌克兰第聂伯罗彼得罗夫斯克，代号 OKB-586，成立于 1954 年。首任领导人为米哈伊尔·库兹米奇·杨格尔，最初的目的是为了设计用于投放核弹头的弹道导弹

TOP3 美国 LGM-30"民兵"弹道导弹

建造数量	1000 枚以上
服役时间	1962 年至今
波音公司	波音公司是全球第二大国防承包商,军售武器量仅次于洛克希德·马丁公司,产值则高于全球第三的英国航太

TOP2 俄罗斯 RT-2PM2"白杨"M 弹道导弹

建造数量	800 枚以上
服役时间	1997 年至今
沃特金斯克机器制造厂	沃特金斯克机器制造厂是俄罗斯著名的导弹总装生产厂

TOP1 美国 LGM-118"和平卫士"弹道导弹

建造数量	150 枚以上
服役时间	1986 年至 2005 年
波音公司	波音公司是全球第二大国防承包商,军售武器量仅次于洛克希德·马丁公司,产值则高于全球第三的英国航太

主体尺寸

1 TOP10 印度"烈火"Ⅲ型地对地导弹

长度 1700 厘米
直径 200 厘米

2 TOP9 俄罗斯 OTR-21"圆点"地对地导弹

长度 640 厘米
直径 65 厘米

Chapter 06 地对地导弹

③ TOP8 美国 MGM-140 陆军战术导弹

直径 61 厘米
长度 400 厘米

④ TOP7 俄罗斯 OTR-23 "奥卡" 地对地导弹

长度 753 厘米
直径 89 厘米

⑤ TOP6 俄罗斯 9K720 "伊斯坎德尔" 弹道导弹

直径 92 厘米
长度 730 厘米

⑥ TOP5 俄罗斯 RT-2PM "白杨" 弹道导弹

长度 2950 厘米
直径 180 厘米

⑦ TOP4 俄罗斯 RT-23 洲际弹道导弹

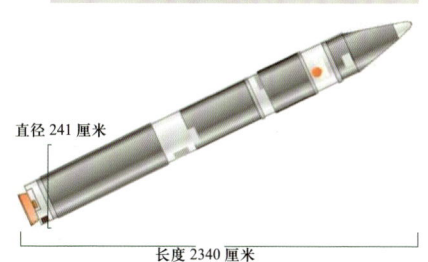

直径 241 厘米
长度 2340 厘米

⑧ TOP3 美国 LGM-30 "民兵" 弹道导弹

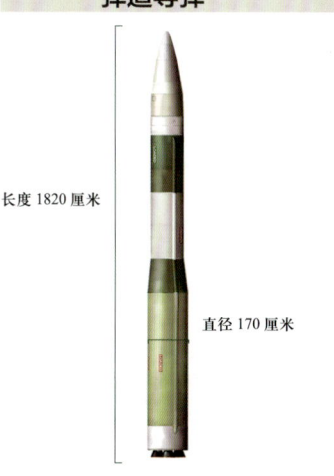

长度 1820 厘米
直径 170 厘米

177

全球重武器 TOP 精选（珍藏版）

9 TOP2 俄罗斯 RT-2PM2 "白杨" M 弹道导弹

直径 190 厘米
长度 2270 厘米

10 TOP1 美国 LGM-118 "和平卫士" 弹道导弹

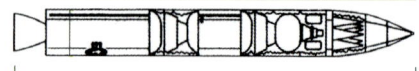

直径 230 厘米　长度 2180 厘米

基本战斗性能对比

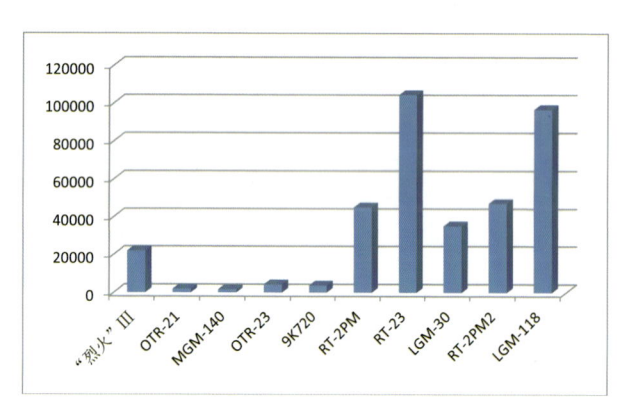

地对地导弹重量对比图（单位：千克）

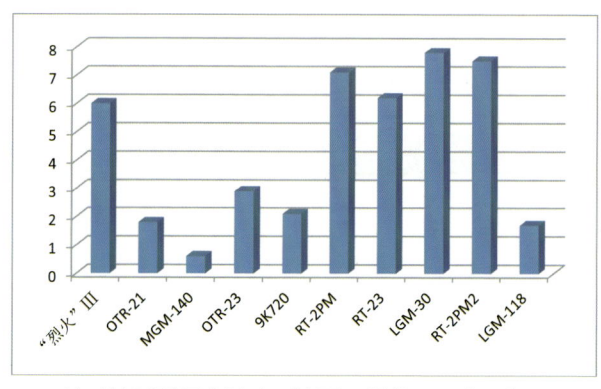

地对地导弹最大速度对比图（单位：千米/秒）

178

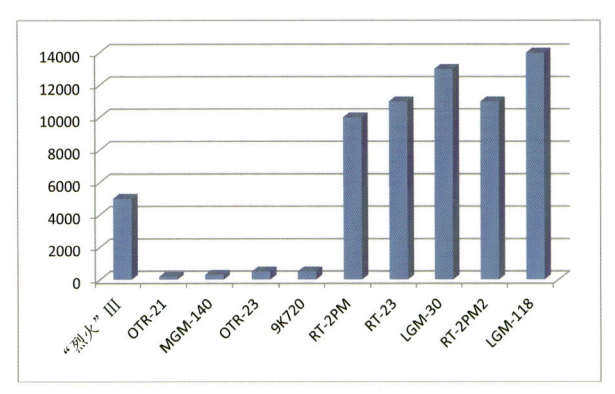

Chapter 06　地对地导弹

地对地导弹有效射程对比图（单位：千米）

TOP10 印度"烈火"Ⅲ型地对地导弹

"烈火"Ⅲ型（Agni-Ⅲ）地对地导弹是印度"烈火"系列弹道导弹中的第三种型号。

排名依据："烈火"Ⅲ型吸收了近20年来弹道导弹攻防的新观念、新技术。各方普遍认为，"烈火"Ⅲ型的成功试射标志着印度已经具备较完备的核威慑能力，性能远超印度的国防需求。

建造历程

1994年2月，"烈火"Ⅲ型导弹首次试射。2006年7月，印度军方在南部奥里萨邦的惠勒岛发射1枚"烈火"Ⅲ型导弹，第二级没有按时脱落，发射后5分钟、飞行了1000千米（不到三分之一射程）后跌落在印度洋中。2007年4月、2008年5月和2010年2月，印度三次在惠勒岛成功试射"烈火"Ⅲ型导弹。

发射中的"烈火"Ⅲ型地对地导弹

主体结构

"烈火"Ⅲ型采用固体火箭推进，组装快，能在较短时间内进入发射状态，而且可以部署在铁路或公路机动发射平台上，不易被捕捉和摧毁。"烈火"Ⅲ型地对地导弹长约17米，为两级固体推进导弹。该导弹的第一级和第二级均由先进的碳合成材料制成，降低了系统的总体重量，且两级发动机都配装了万向喷管。

Chapter 06　地对地导弹

作战性能

"烈火"Ⅲ型地对地导弹可携带600~1800千克的常规弹头或核弹头。据估计，核弹头当量可达20万~30万吨。

趣闻逸事

2013年9月15日，印度在其东部惠勒岛成功试射一枚"烈火"Ⅴ型弹道导弹。有当地媒体称，这一类型导弹自1983年开始研制，至2017年进行了数次试验。

"烈火"Ⅲ型地对地导弹多角度特写

运输中的"烈火"Ⅲ型地对地导弹

TOP9 俄罗斯 OTR-21 "圆点" 地对地导弹

OTR-21 "圆点"（Tochka）地对地导弹是苏联于20世纪70年代研制的近程地对地战术弹道导弹，北约代号为SS-21 "圣甲虫"（Scarab）。

排名依据： OTR-21导弹可采取弹道和巡航两种导弹发射方式。采取弹道发射方式可以延长射程、增加速度，采取巡航发射方式则更具有隐蔽性和精确性。

建造历程

OTR-21 "圆点"地对地导弹于20世纪60年代末期开始研制，计划

Chapter 06　地对地导弹

装备前线部队，用于攻击敌方纵深的导弹发射架、地面侦察设备、指挥所、机场、弹药库、燃料库等重要目标，还可攻击重要的防空导弹系统，以压制敌方防空火力。"圆点"导弹于1976年装备苏军部队，1985年才对外公开。

准备发射的OTR-21"圆点"地对地导弹

主体结构

OTR-21"圆点"地对地导弹上装有数字式计算器和自主式惯性控制系统，尾部有空气动力舵。导弹全长6.4米，直径650毫米，发射重量2吨，它可以配用常规弹头、核子弹头、化学弹头、末制导弹头或子母弹弹头。OTR-21"圆点"导弹的弹体不长，采用两组控制面。第一组在弹体尾端，四片为网格式尾翼，翼面垂直于弹体轴线。第二组在弹体后部，尺寸大于第一组，翼弦较长，前缘后掠，后缘平直。

OTR-21"圆点"地对地导弹前侧方特写

作战性能

OTR-21"圆点"采用惯性制导，并配有全球定位系统、雷达或光学终端跟踪系统。该导弹运载车装备有核、生、化过滤系统，能够在部署有大

183

规模杀伤性武器的地区执行任务。

正在游行的 OTR-21 "圆点"地对地导弹

趣闻逸事

美国《导弹威胁》网站 2004 年 8 月 4 日报道，2004 年 8 月 3 日，俄罗斯进行了一次战斗演练，其中包括从卡普斯京亚尔导弹发射场（Kapustin Yar firing range）成功试射了 OTR-21 地对地导弹。

正在游行的 OTR-21 "圆点"地对地导弹

TOP8 美国 MGM-140 陆军战术导弹

MGM-140 陆军战术导弹是美国陆军现役最先进的近程、单弹头弹道导弹。

排名依据： MGM-140 型陆军战术导弹系统是美国陆军最先进的近程、单弹头弹道导弹。用于打击纵深集结部队、装甲车辆、导弹发射阵地和指挥中心等，可携带反人员和轻型装备、反装甲、反硬目标、布撒地雷、反前沿机场和跑道 6 种战斗部，为美国陆军提供全面支援。

发射中的 MGM-140 陆军战术导弹

建造历程

美国陆军于 1986 年开始研制 MGM-140 陆军战术导弹，1990 年装备部队，是一种全天候半制导半弹道式的第三代地对地战术导弹武器系统，海湾战争中首次投入实战使用。主要用于攻击敌方后续部队的装甲集群、机场、运输队和地空导弹发射基地等大型目标。

侧方特写

MGM-140 导弹发射瞬间

主体结构

MGM-140 导弹为单级固体火箭推进的弹道导弹，采用以环形激光陀螺为基础的捷联惯性制导系统，虽具有多种型号，但各型导弹的弹体结构、发动机类型却基本相同。

MGM-140 导弹的弹体短粗，弹尾一组控制面共 4 片，形状特殊，后缘的翼尖有切角，整体呈不规则五边形。

前侧方特写

作战性能

MGM-140 战术导弹使用简单，可利用美军现役的 M270 多管火箭炮进行发射，两个发射箱各装 1 枚导弹。导弹的装运箱可快速拆卸。一次可单独运载 2 枚导弹，或运载 1 枚导弹和 6 枚火箭弹。使用时，无须另外的操作员、发射架和其他设施。MGM-140 战术导弹的射程达 300 千米，可实施精确打击。

发射中的 MGM-140 战术导弹

趣闻逸事

在 1990 年的海湾战争中，MGM-140 战术导弹首次投入使用，主要用于打击伊军纵深内的防空兵阵地。美军共发射了 30 枚，所有受到攻击的目标都被摧毁或丧失了战斗能力。使用中，由于制导信息未及时输入，9 次射击中 7 次没有成功。改进后，可在发现目标后 10 分钟内实施打击。

TOP7 俄罗斯 OTR-23 "奥卡"地对地导弹

OTR-23 "奥卡"（Oka）地对地导弹是苏联于20世纪80年代研制的近程地对地战术导弹，北约代号为 SS-23 "蜘蛛"（Spider）。

排名依据：OTR-23 导弹是苏联20世纪80年代制成的第三代地对地战术导弹，它在射程、精度和作战使用方面都大大超过"飞毛腿"导弹。

保存在博物馆内的 OTR-23 "奥卡"地对地导弹

Chapter 06　地对地导弹

建造历程

20 世纪 80 年代，苏军的战略思想发生了重大变化，尤其重视提高炮兵在常规战争中攻击纵深目标的能力。OTR-23 地对地导弹就是在这种情况下研制而出的。它不仅用于打击战场上的战术目标，还用来打击战役范围的纵深目标。OTR-23 地对地导弹原计划部署 250 枚，但是美国、苏联签订的《中程核武器条约》规定不得部署和生产射程 500 千米以上的核武器，因此 OTR-23 导弹在部署 167 枚以后就停止了装备。

OTR-23 地对地导弹弹头特写

主体结构

为了提高快速机动能力，OTR-23 地对地导弹采用第三代大型轮式车作为运输兼发射车，在长长的车体后部，装有 2 个长方形的发射箱，每个箱内存放 1 枚导弹。平时 2 个发射箱平放在车上，外面涂有迷彩伪装，看上去就像普通的军用运输车，既可以隐蔽自己，免遭敌人意外袭击，又可以保护导弹，免受战场尘土侵袭，有利于日常维护保养。作战时竖起发射箱，向敌人发动猛烈攻击。为了提高对远距离目标的射击精度，OTR-23 地对地导弹还采用了先进的惯性制导技术，使它的偏差距离减小到 350 米以内。

作战性能

OTR-23 地对地导弹主要装备在苏联方面军和集团军的战役战术火箭兵旅，每个旅有 3 个营，共 12 辆导弹发射车。为了使 OTR-23 导弹进一步提高常规战斗能力，苏联为这种导弹研制出一种 500～1000 千克重的高爆破战斗部，以便用来摧毁敌人的核武器发射阵地、指挥控制系统、空军基地等重要军事目标。

OTR-23 地对地导弹多角度特写

趣闻逸事

OTR-23 也称 SS-23 "蜘蛛"，我们日常所认知的蜘蛛是一种节肢动物，大部分都有毒腺，螯肢和螯爪的活动方式有两种类型，穴居蜘蛛大多都是上下活动，在地面游猎和空中结网的蜘蛛，则如钳子一般的横扫。除南极洲以外，分布于全世界。

OTR-23 地对地导弹与发射车

Chapter 06　地对地导弹

TOP6 俄罗斯 9K720"伊斯坎德尔"弹道导弹

9K720"伊斯坎德尔"（Iskander）导弹是俄罗斯研制的短程战术弹道导弹武器系统，北约代号为 SS-26"石头"（Stone）。

排名依据： 9K720弹道导弹是俄罗斯新一代战术弹道导弹武器系统，该导弹系统主要用于摧毁敌火力打击系统、防空系统、反导系统、机场和指挥所等点状目标和面状目标。

9K720"伊斯坎德尔"弹道导弹在发射车上

建造历程

9K720 "伊斯坎德尔"弹道导弹的研制工作始于20世纪末,由俄罗斯机械制造设计局负责设计工作。2005年,"伊斯坎德尔"导弹设计定型并开始批量生产。2006年,该导弹正式服役。除俄罗斯本国使用外,"伊斯坎德尔"导弹还出口到亚美尼亚。

导弹及运输车参加莫斯科阅兵彩排

主体结构

9K720 "伊斯坎德尔"导弹目前部署有3种常规弹头,即子母集束弹(由54枚子弹组成)、钻地弹和破片杀伤弹。"依斯坎德尔"-E采用惯性+图像匹配相结合的制导系统。图像匹配制导系统通常用于修正惯性制导在中段和末段的制导误差。

9K720 "伊斯坎德尔"弹道导弹前侧方特写

Chapter 06 地对地导弹

作战性能

9K720 导弹抗干扰和突防能力强，并具有对付反导系统的能力。"伊斯坎德尔"导弹系统由导弹、发射车、装填运输车、指挥车、情报信息处理车、技术勤务保障车以及成套训练设备组成。导弹为单级、固体燃料、全程制导导弹，有效载荷 380 千克。

9K720 导弹多角度特写

趣闻逸事

9K720 代号称"石头"，而石头一般指由大岩体遇外力而脱落下来的小型岩体，多依附于大岩体表面，一般成块状或椭圆形，外表有的粗糙，有的光滑，质地坚固、脆硬。可用来制造石器和采集石矿。

9K720 导弹多角度特写

193

TOP5 俄罗斯 RT-2PM "白杨" 弹道导弹

RT-2PM "白杨"（Topol）导弹是苏联研制的洲际战略弹道导弹，北约代号为 SS-25 "镰刀"（Sickle）。

排名依据："白杨"导弹是世界上第一种以公路机动部署的洲际弹道导弹，可携带 1 枚或多枚分导弹头，射程超过 10000 千米，飞行速度快，并能做变轨机动飞行，具有很强的突防能力。不过由于三用发射车性能复杂，"白杨"导弹公路机动发射系统不仅用于作战的代价昂贵，操作和维护保养费用也很高。

RT-2PM 导弹前侧方特写

Chapter 06　地对地导弹

建造历程

　　1975 年起，RT-2PM 弹道导弹的研究工作就在莫斯科热力研究所开始立项，以 SS-16、SS-20 为基础进行改进，弹体基本上是在 SS-20 导弹基础上增加第三级构成的。导弹设计之初为单弹头，后改进为可携带多弹头。从 1982 年 10 月开始研制到 1987 年 12 月完成，共进行了 23 次飞行试验，1983 年 2 月和 5 月的两次飞行试验获得成功。1985 年装备部队后，该型号还在继续进行系统改进飞行试验。

　　1985 年初，最早的 18 枚 RT-2PM 弹道导弹完成部署，用于淘汰 20 枚老旧的 SS-11 导弹，以符合战略武器限制协议中的上限。其设计服役期为 10 年。

主体结构

　　RT-2PM "白杨"导弹采用三级固体火箭发动机，在地下发射井可进行热发射，在地面可用轮式车辆在预先准备好的公路上实施机动发射，导弹平时贮存在带有倾斜屋顶的房子里，接到命令后由发射车将导弹运送到野外发射阵地上进行发射，紧急情况可打开房顶盖，直接从房子里把导弹竖起发射。公路机动型的"白杨"导弹采用的是 MAZ-7912/7917 发射车（MAZ-7917 是 MAZ-7912 的改进型，增加了 1 米左右的长度，并增加了成员舱），有 14 个负重轮和 12 个驱动轮。

RT-2PM 反击想象图

作战性能

RT-2PM"白杨"导弹机动部署系统除了三用发射车外还必须配备相当数量的作战保障车。其部署 1 台三用发射车所需人员比地下井式发射需要的人员多 5～6 倍，部署几百枚机动发射导弹就意味着俄罗斯战略导弹部队要增加数万人。其生存能力有了明显的提高，其命中精度和打击软、硬目标的能力与 RT-23 弹道导弹相似。

导弹弹头特写

趣闻逸事

莫斯科时间 2013 年 10 月 10 日 17 时 39 分，从卡普斯京亚尔发射场试射了一枚 RT-2PM "白杨"洲际弹道导弹。俄国防部指出，作战训练用的导弹弹头准确地击中了位于哈萨克斯坦的导弹靶场目标，导弹试射任务全部完成。

RT-2PM 导弹停放在博物馆内

TOP4 俄罗斯 RT-23 洲际弹道导弹

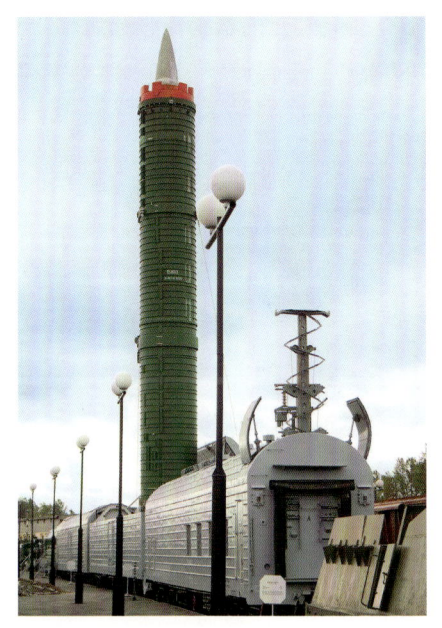

RT-23 洲际弹道导弹是苏联于 20 世纪 70 年代初开始研制的洲际弹道导弹,北约代号为 SS-24 "手术刀"(Scalpel)。

排名依据: RT-23 洲际弹道导弹是世界上第一种以铁路机动方式部署的陆基洲际弹道导弹,也是世界上第一种以铁道列车作为导弹系统的陆基弹道导弹系统。

建造历程

20 世纪 70 年代,苏联指示南方设计局研制一种集分导技术、固体推进技术、路基机动技术于一体的弹道导弹和导弹专用列车,即 RT-23 洲际弹道导弹。1982 年 10 月,RT-23 弹道导弹进行了首次飞行试验,因第一级发动机发生故障而失败。此后,又进行了多次试验。1985 年,RT-23 导弹具备初步作战能力,部署在加固地下井中。1987 年 10 月,首列以铁路机动部署的 RT-23 弹道导弹列车投入战斗执勤。

仰视角度特写

主体结构

RT-23 导弹是一种三级固体洲际弹道导弹，采用发射井布置和铁路机动布置的方式，可由导弹发射井和铁路车辆发射。RT-23 导弹采用惯性加星光修正的制导方式，对提高导弹打击精度十分有效。

作战性能

RT-23 导弹具有命中精度高、弹头威力大、可机动发射、可躲避对方探测与监视等特点，是一种有效的打击硬目标的战略核武器。RT-23 导弹是分导式多弹头导弹，可以配备 8～10 枚分导式核弹头，每个弹头的爆炸当量为 10 万吨。该导弹最初部署在地下，后为了进一步提高其自下而上能力，改在铁路发射车上实施机动发射。

置于铁路车厂的 RT-23 导弹

趣闻逸事

RT-23 的代号为"手术刀"，我们平时所说的手术刀是指一种医学刀具，医院里外科医生使用的手术刀分刀片和刀柄。刀片是一次性的，刀柄不是。其他的器械也不是一次性的，不过在每次使用时都是经过高压灭菌的。

导弹弹头特写

TOP3 美国 LGM-30 "民兵" 弹道导弹

LGM-30 "民兵"（Minuteman）导弹是美国波音公司研制的洲际弹道导弹，隶属美国空军全球打击司令部。

排名依据："民兵"系列（ICBM）是美国陆基洲际弹道导弹，它是美国第三代地地战略核导弹。"民兵"系列导弹的特点在于其突防能力和打击硬目标的能力相较于同时期的类似导弹要有所提高，由于采用分导式多弹头，它的命中精度也很高。

发射中的"民兵"洲际弹道导弹

建造历程

"民兵"Ⅰ型洲际弹道导弹是首先问世的固态燃料陆基洲际弹道导弹，之前的导弹都是使用液态燃料。它是在 1956 年时以中程弹道导弹为基础开始发展的，1957 年，它的射程达到洲际导弹的标准因而进入洲际弹道导弹之列。导弹的主要部分如推进、引导、发射与部署均获得相当的改进。第一枚导弹在 1961 年 2 月 1 日升空，1962 年开始部署，1965 年 6 月已有 800 座发射井完成战备。

"民兵"Ⅱ型洲际弹道导弹于 1964 年 9 月完成第一次升空。它在长度与吨位上都比"民兵"Ⅰ型有所加大，改良过的第二节推进火箭更延展了其射程。"民兵"Ⅱ型洲际弹道导弹在 1996 年完成战备后整个取代了"民兵"Ⅰ型。"民兵"Ⅲ型导弹则引进一种全新的第三节推进火箭，是第一种配置了独立多重重返大气层载具的陆基洲际弹道导弹。

发射井内的一枚"民兵"Ⅲ型导弹　　试射中的"民兵"Ⅲ型导弹

主体结构

"民兵"Ⅰ型导弹使用固态燃料，而之前的同类型导弹都是使用液态

Chapter 06　地对地导弹

燃料。"民兵"Ⅱ型导弹在长度与吨位上都比"民兵"Ⅰ型导弹更大，改良过的第二节推进火箭更延长了其射程。"民兵"Ⅲ型导弹引进了一种新的第三节推进火箭，比"民兵"Ⅱ型导弹的更宽。

作战性能

截至 2016 年，"民兵"弹道导弹仅剩下Ⅲ型仍在服役。"民兵"Ⅲ型导弹可以携带 3 枚核弹头，每个弹头的当量为 17.5 万吨。随着美国"和平卫士"洲际导弹在 2005 年退出现役，"民兵"Ⅲ型导弹成为美国唯一的陆基可携带核弹头的洲际弹道导弹，是维持美国"三位一体"战略核威慑的陆基支柱。为了在洲际弹道导弹数量减少的情况下保持美国的战略威慑效力，美军正在对"民兵"Ⅲ型导弹进行升级，以提升该导弹的安全性和打击精确度。

三弹头散射模式

"民兵"导弹在水上发射

201

趣闻逸事

美国空军发言人 2010 年 10 月 26 日透露,美国空军曾与其管辖下的 50 枚洲际弹道导弹失去联系近一个小时,这些洲际弹道导弹占到美国洲际弹道导弹总数的九分之一。美国空军发言人 26 日称,这一事件发生在 23 日早上,位于美国怀俄明州的沃伦空军基地核弹发射控制中心与其管辖的 50 枚"民兵"Ⅲ型洲际弹道导弹,与指挥中心失去联系约 45 分钟。据报道,这些洲际弹道导弹 23 日早上突然处于所谓的"断线"状态,这意味着管辖这些导弹的指挥控制中心无法联络上导弹。

发射控制位

TOP2 俄罗斯 RT-2PM2"白杨"M 弹道导弹

RT-2PM2"白杨"M(Topol M)导弹是俄罗斯在 RT-2PM"白杨"导弹基础上改进而来的洲际弹道导弹,北约代号为 SS-27"镰刀"B(Sickle B)。

排名依据： RT-2PM2 弹道导弹是现代化的武器系统，其主要优势是它在穿越敌方反导弹防御体系时的飞行和作战稳定性能。首次使用的 3 台巡航固体燃料发动机功率强大，这不仅可增加导弹战斗部的重量，也可使导弹能够比其他俄制导弹以更快的速度飞行，大大缩减导弹在轨迹主动段中的时间和高度。同时，数十台辅助发动机、操纵仪表和设备使这种快速飞行很难被敌方预料到，从而大幅度提高了穿透敌方各种反导弹防御的能力，是导弹防御系统的克星。

前侧方特写

建造历程

20 世纪 70 年代到 80 年代中期，苏联和美国主要发展大型多弹头洲际导弹，如 R-36M 弹道导弹、RT-23 弹道导弹和 MX 导弹；80 年代中期到 90 年代初，则重点发展小型洲际导弹，如苏联的小型固体机动洲际导弹和美国的侏儒导弹。90 年代以前，国外陆基战略弹道导弹的新发展一般表现为研制总体设计有很大变化的全新型号。但是 90 年代以后，国外战略弹道导弹现代化发展的主要途径已不是研制总体设计全新的型号，而是通过在推进、弹头、制导和发射等分系统上采用新的技术成果，全面提高现有型号或改进型号的打击能力、突防能力、生存能力，延长其使用寿命，增强可靠性和安全性。根据到 2005 年的战略力量发展计划，是研制 21 世纪新一代陆基和潜射战略弹道导弹，该计划的重点之一就是研制 RT-2PM2 弹道导弹。

多角度特写

俄罗斯从 1993 年初开始进行 RT-2PM2 弹道导弹工程研制，到 1997 年 7 月完成研制飞行试验，持续时间不到 5 年，是国外陆基洲际导弹中工程研制周期最短的型号之一。20 世纪 80 年代末，苏联已开始进行 RT-2PM 弹道导弹现代化改进型的预先研究，按当时的计划，RT-2PM 弹道导弹改进型应在 1995 年夏季部署。1993 年 2 月，俄罗斯以总统令的形式批准继续进行 RT-2PM 弹道导弹改进型的研制，并计划于 1996 年部署。该导弹武器系统被命名为 RT-2PM2 弹道导弹，限制战略武器条约授予其公路机动部署型和地下井部署型的代号分别为 PC-12M1 和 PC-12M2。美国及北约国家对研制中的 RT-2PM2 弹道导弹的代号曾用过 SS-X-27 和 SS-X-29 两种，RT-2PM2 弹道导弹部署后的代号为 SS-27。

主体结构

RT-2PM2 弹道导弹采用与 RT-2PM 弹道导弹基本相同的三级固体推进、单弹头及惯性制导的总体设计，导弹直径、长度和发射重量仅略有增加。RT-2PM2 弹道导弹与 RT-2PM 弹道导弹最明显的区别是 RT-2PM2 弹道导弹的整流罩更大而且改变了外形，RT-2PM2 弹道导弹的第一级没有折叠的栅格翼和稳定翼。

前方特写

后方特写

作战性能

RT-2PM2 弹道导弹的命中精度至少比 RT-2PM 弹道导弹提高近 1 倍，圆概率误差达到 200 米。RT-2PM2 弹道导弹弹头具有机动再入能力或特殊飞行弹道，使国外正研制的弹道导弹防御系统难于拦截。RT-2PM2 导弹至少可以装载 4 枚 55 万吨 TNT 当量的核弹头，或者安装多达 10 枚的分导弹头，并能做变轨机动飞行，具有很强的突防能力。该导弹依靠三级固体燃料火箭提供的巨大推力，射程超过 10000 千米。

导弹弹头特写

趣闻逸事

2000年2月9日,RT-2PM2弹道导弹进行了第8次发射试验,由阿尔汉格尔斯克州普列谢茨克航天发射场发射成功,这枚RT-2PM2弹道导弹飞行约8000公里后,准确击中俄罗斯东部堪察加半岛上的预定目标。

TOP1 美国LGM-118"和平卫士"弹道导弹

LGM-118"和平卫士"(Peacekeeper)弹道导弹是美国研制的陆基洲际弹道导弹。

排名依据: "和平卫士"弹道导弹被认为有足够的能力摧毁任何强化工事目标,包括特别强化的陆基洲际弹道导弹掩体及敌方指挥官所在的防护掩体。该导弹具有打击硬(点)目标的能力,是世界上精度最高的洲际导弹,其圆周偏差率仅为120米,此外,"和平卫士"弹道导弹还具备弹头再入大气层的突防能力。

Chapter 06　地对地导弹

发射中的"和平卫士"弹道导弹

建造历程

"和平卫士"弹道导弹的研制计划始于 1972 年，代号为 MX（Missile-eXperimental）。1976 年，因美国国会拒绝提供预算，该计划被暂停至 1979 年。1983 年 6 月 17 日，"和平卫士"弹道导弹在加州范登堡空军基地进行了第一次试射。第一枚生产型"和平卫士"弹道导弹于 1984 年 2 月制造，并在 1986 年 12 月部署到怀俄明州。在服役近 20 年后，最后一枚"和平卫士"弹道导弹在 2005 年 9 月 19 日除役。

技术人员将 Mk-21 重返载具固定在一个"和平卫士"MIRV 连接埠上

"和平卫士"重返载具测试

主体结构

"和平卫士"弹道导弹的动力装置为三级固体火箭发动机加第四级自燃液体火箭发动机，制导方式为惯性制导，引信为近炸引信。"和平卫士"弹道导弹采用分导式多弹头，可以同时发射 10 枚核弹头，每枚核弹头的威力为 30 万吨 TNT 当量。

作战性能

"和平卫士"洲际弹道导弹装载的 W-87 型核弹头可以说是现今最精确有效的弹头。它被认为有足够的能力摧毁任何强化工事目标，包括特别强化的陆基洲际弹道导弹掩体及首长的防护掩体。

使用的弹头

趣闻逸事

美国"和平卫士"于 1986 年开始在美国空军服役，被誉为"划时代的洲际弹道导弹"。

"和平卫士"弹道导弹进行检查测试

地对空导弹

▶▶ Chapter 07　TOP 8

　　地对空导弹是由地面发射，攻击敌来袭飞机、导弹等空中目标的一种导弹武器，是现代防空武器系统中的一个重要组成部分。与高炮相比，它射程远，射高大，单发命中率高；与截击机相比，它反应速度快，火力猛，威力大，不受目标速度和高度限制，可以在高、中、低空及远、中近程构成一道道严密的防空火力网。本章将详细介绍地对空导弹建造史上影响力最大的八种型号，并根据综合性能、作战影响以及威力大小等因素进行客观公正的排名。

整体展示

建造数量、服役时间和研制厂商

TOP8 俄罗斯 9K330 "道尔" 地对空导弹

建造数量	300 枚以上
服役时间	1986 年至今
阿尔玛兹·安泰设计局	阿尔玛兹·安泰设计局作为俄罗斯国防工业的领军企业，主要从事防空导弹系统、雷达和侦察设备等方面的研究

TOP7 英国 "轻剑" 地对空导弹

建造数量	20000 枚以上
服役时间	1972 年至今
英国宇航公司	英国宇航公司是英国最大的航空制造企业，西欧最大的航空制造企业。该公司于 1963 年成立，拥有资产 179.17 亿美元

TOP6 俄罗斯 "铠甲"-S1 防空系统

建造数量	200 枚
服役时间	2012 年至今
KBP 图拉仪器设计局	KBP 图拉仪器设计局是苏联和俄罗斯以枪炮和反坦克导弹为主的武器设计局。1927 年初创立于图拉

TOP5 美国 MIM-72 "小槲树" 地对空导弹

建造数量	20000 枚以上
服役时间	1969 年至 1998 年
罗拉尔公司	罗拉尔公司（Loral）是美国著名的军器制造商

Chapter 07 地对空导弹

TOP4 美国 MIM-104 "爱国者" 地对空导弹

建造数量	10000 枚以上
服役时间	1984 年至今
洛克希德·马丁公司	洛克希德·马丁（Lockheed Martin）公司是一家美国航空航天制造厂商，1995 年由洛克希德公司与马丁·玛丽埃塔公司共同合并而成。洛克希德·马丁公司以开发、制造军用飞机闻名世界，旗下产品被诸多国家所采用。目前洛克希德·马丁公司的总部位于马里兰州蒙哥马利县的贝塞斯达

TOP3 俄罗斯 2K12 "卡勃" 地对空导弹

建造数量	200 枚以上
服役时间	1970 年至今
莫斯科信号旗机械制造设计局	莫斯科信号旗机械制造设计局是俄罗斯最大的空对空导弹设计局
吉哈米洛夫仪器设计科学研究院	吉哈米洛夫仪器设计科学研究院是俄罗斯最大的机载雷达设计单位

TOP2 俄罗斯 S-400 "凯旋" 地对空导弹

建造数量	152 枚以上
服役时间	2007 年至今
阿尔玛兹·安泰设计局	阿尔玛兹·安泰设计局作为俄罗斯国防工业的领军企业，主要从事防空导弹系统、雷达和侦察设备等方面的研究

TOP1 美国战区高空防御导弹

建造数量	240 枚以上
服役时间	2008 年至今
洛克希德·马丁公司	洛克希德·马丁（Lockheed Martin）公司是一家美国航空航天制造厂商，1995 年由洛克希德公司与马丁·玛丽埃塔公司共同合并而成。洛克希德·马丁公司以开发、制造军用飞机闻名世界，旗下产品被诸多国家所采用。目前洛克希德·马丁公司的总部位于马里兰州蒙哥马利县的贝塞斯达

主体尺寸

1. TOP8 俄罗斯9K330"道尔"地对空导弹

长度 290 厘米
直径 23.5 厘米

2. TOP7 英国"轻剑"地对空导弹

长度 223.5 厘米
直径 13.3 厘米

3. TOP6 俄罗斯"铠甲"-S1 防空系统

长度 320 厘米
直径 17 厘米

4. TOP5 美国MIM-72"小槲树"地对空导弹

长度 290 厘米
直径 12.7 厘米

Chapter 07　地对空导弹

⑤ TOP4　美国MIM-104"爱国者"地对空导弹

长度 580 厘米
直径 41 厘米

⑥ TOP3　俄罗斯2K12"卡勃"地对空导弹

长度 580 厘米
直径 33.5 厘米

⑦ TOP2　俄罗斯S-400"凯旋"地对空导弹

长度 750 厘米
直径 45 厘米

⑧ TOP1　美国战区高空防御导弹

长度 617 厘米
直径 34 厘米

基本战斗性能对比

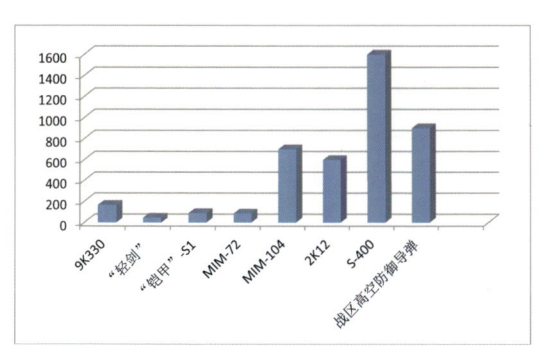

地对空导弹重量对比图（单位：千克）

213

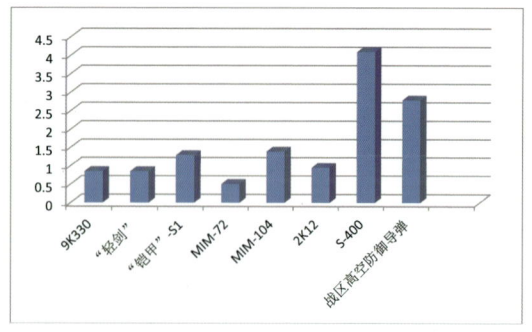

地对空导弹最大速度对比图（单位：千米/秒）

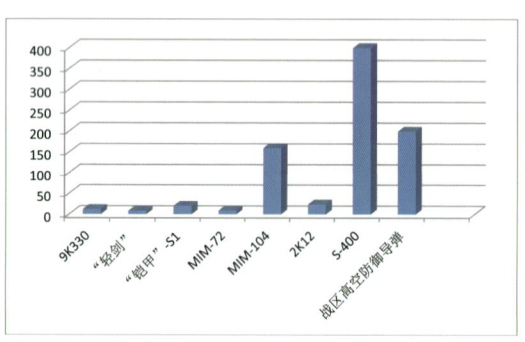

地对空导弹有效射程对比图（单位：千米）

TOP8 俄罗斯9K330"道尔"地对空导弹

9K330"道尔"是俄制中低空短程地对空导弹系统，用于击落飞机、直升机、巡航导弹、精确制导弹药、无人飞机、弹道导弹等。

Chapter 07　地对空导弹

排名依据： 9K330"道尔"是世界上同类地空导弹系统中唯一采用三坐标搜索雷达，具有垂直发射和同时攻击两个目标能力的先进近程防空系统。具有全天候昼夜作战、三防、空运部署能力。

9K300"道尔"地对空导弹前侧方特写

建造历程

9K330"道尔"地对空导弹的研制始于20世纪70年代中期，1983年设计定型并开始批量生产，1986年基本型开始装备苏联陆军部队。之后，阿尔玛兹·安泰设计局又在基本型的基础上继续改进，研制出更先进的9K331 Tor M1和9K332 Tor M2等改进型。

9K331导弹

215

主体结构

9K330"道尔"整个导弹系统包括 1 部三坐标多普勒搜索雷达、1 部多普勒跟踪雷达、1 部电视跟踪瞄准设备和 8 枚 9M330 导弹,均整合安装在 1 辆由 GM-569 改装成的中型履带装甲运输车上。基本战斗单位是导弹发射连,由 4 辆导弹车和 1 部指挥车组成,并配有导弹运输装填车、修理车和测试车等。"道尔 -M1"系统搜索雷达最大探测距离 25 千米,可对 48 个来袭目标作出判断,并对其中 10 个目标进行跟踪。系统跟踪雷达可引导导弹攻击 2 个目标。系统配有 8 枚导弹,垂直装在 2 个密封的 4 联装发射筒内。

保存至今的 9K330"道尔"导弹

作战性能

9K330"道尔"导弹系统从发现目标到开火的作战反应时间为 5～8 秒。在行军状态可以发现、跟踪目标,但只有在静止支撑状态下才能发射导弹,因此行军状态的作战反应时间需要 10 秒。静止状态下可关闭主发动机,使用 75 千瓦燃气轮机辅助动力系统(APU)为雷达与导弹系统提供电源,长期处于作战待命状态。

9K300"道尔"地对空导弹后方特写

Chapter 07　地对空导弹

趣闻逸事

3K95 "匕首"是海军型"道尔",北约代号为 SA-N-9 "臂铠"。装备于库兹涅佐夫号航空母舰、基洛夫级巡洋舰、无畏级驱逐舰,用于抗击从舰队区域防空漏网的敌空中目标。海军版道尔 -M1 俄方名称:"刺猬"。出口型号俄方名称:"利刃"。

TOP7 英国"轻剑"地对空导弹

"轻剑"(Rapier)导弹是英国于 20 世纪 60 年代研制的地对空导弹。

排名依据： 在 1982 年的马岛之战中，"轻剑"表现上乘，曾创下了击落击伤阿根廷 A-4、"幻影"等 14 架战机的纪录。而操作简单、反应快速、机动性强、便于空运和价格便宜，是它广受欢迎的主要原因。"轻剑"总产量超过 2 万枚，销售到 10 多个国家。然而"轻剑"在服役几十年后，机件的老化，技术的落后，已使其难以适应现代防空作战的需要。

建造历程

"轻剑"最初的代号为 ET-136，1963 年研发，1972 年开始装备部队，先后发展了光学跟踪和雷达跟踪两个型别。最初武器代号为 ET-316，后来改名为"轻剑"地对空导弹。该导弹由英国宇航公司和马可尼公司负责研制，1969 年定型并批量生产，1971 年Ⅰ型开始装备英国陆军和英国空军。Ⅱ型是在Ⅰ型的基础上增加 1 部盲射雷达，其余设备均与Ⅰ型相同。1978 年，Ⅱ型开始装备部队。除了装备英国陆军外，"轻剑"地对空导弹还出口到澳大利亚、伊朗、瑞士、土耳其、新加坡等国。

在战场上协同作战的"轻剑"地对空导弹

主体结构

"轻剑"地对空导弹弹体为圆柱形，弹头为尖锥形，有两组控制翼面。

Chapter 07　地对空导弹

第一组位于弹体底部略靠前位置，面积较小，前缘后掠；第二组位于弹体中部，面积较大，前缘后掠角度大于第一组。

发射中的"轻剑"地对空导弹

作战性能

"轻剑"全系统装在一辆车上，机动性强。牵引式光学跟踪装置和发射架分开配置，保证操作人员的安全。自行式有良好的装甲防护。

趣闻逸事

海湾战争中，英国在沙特部署了"轻剑"-2000型防空导弹，伊拉克部署了"轻剑"-Ⅱ型导弹。英部署在沙特的"轻剑"-2000型导弹系统对其陆军装甲部队起到了有效的保护作用。

"轻剑"弹头特写

TOP6 俄罗斯"铠甲"-S1 防空系统

"铠甲"-S1（Pantsir-S1）防空系统是俄罗斯在2K22"通古斯卡"防空导弹系统基础上改进而来的轮式自行弹炮合一防空系统，北约代号为SA-22"灰狗"（Greyhound）。

排名依据："铠甲"-S1防空系统是世界上独一无二的，采用了先进的稳定装置，确保系统在行进中既能发射炮弹，又能发射导弹，是目前世界上唯一可以在行进中实施弹、炮同时射击的防空武器系统，是掩护机械化部队作战，保护目标免遭敌空袭武器打击的最有效的近程防空武器。"铠甲"-S1系统最独特之处，是能够自动选择使用导弹还是高炮来摧毁目标。

Chapter 07　地对空导弹

建造历程

"铠甲"-S1防空系统由KBP图拉仪表设计局于1994年研制。当时受到军工不景气影响险些夭折，幸好找到中东金主阿联酋投资，研制才得以继续。2012年，"铠甲"-S1防空系统开始服役，以后方固定阵地末端防卫作战为主，不装备陆军野战部队。

参展的"铠甲"-S1防空系统

主体结构

"铠甲"-S1防空系统由炮塔、高炮、地空导弹、发射筒、搜索雷达、跟踪雷达和光电火控系统组成。全部设备不仅可以安装在轮式或履带式运输车上，而且可以安装在舰船甲板和其他平台上，构成火力单元。"铠甲"-S1的外形更像"通古斯卡"系统，而不像"铠甲"基准型系统。底盘和"通古斯卡"的底盘非常相似。炮塔大体相似，区别只是"通古斯卡"炮塔的前部安装的是跟踪雷达，而"铠甲"-S1防空系统是一套带有天线整流罩的光电装置，用于导弹制导。

作战性能

"铠甲"-S1 防空系统装备 12 枚射程为 20 千米的地空导弹和 2 门 30 毫米口径的自动火炮。它可以同时发现并跟踪 20 个目标,既可在固定状态下,也可在行进状态中对其中 4 个目标实施打击。除巡航导弹、反雷达导弹、制导炸弹、各种有人机和无人战机外,"铠甲"-S1 还可打击地面和水中轻装甲目标以及有生力量。

发射中的"铠甲"-S1 防空系统

趣闻逸事

叙利亚和阿尔及利亚等国从俄罗斯采购了"铠甲"-S1 防空系统。据悉,希腊正在与俄罗斯协商采购该系统。2010 年,俄罗斯向阿拉伯联合酋长国也提供了"铠甲"-S1 防空系统。

"铠甲"-S1 防空系统侧方特写

Chapter 07 地对空导弹

TOP5 美国 MIM-72"小榭树"地对空导弹

美国 MIM-72"小榭树"地对空导弹是美国 1965 年在"响尾蛇"导弹基础上研制的一种对付低空目标的近程防空导弹。

排名依据： MIM-72"小榭树"是美陆军师一级的主要防空武器，用于昼间野战防空，适宜打击目视范围内的空中目标，属陆军第二代地对空导弹系统。

侧方特写

223

建造历程

20世纪60年代，FIM-43"红眼"便携式防空导弹服役后，美国陆军一方面在不断寻找更好的单兵防空导弹，另一方面也在着手开发其他防空武器。"小榭树"地对空导弹是美国1965年在"响尾蛇"空对空导弹基础上研制的一种对付低空目标的近程防空导弹，代号MIM-72。第一枚"小榭树"导弹于1967年运交美国陆军，第一套完整版系统则于1969年5月开始作战部署。

多角度特写

主体结构

MIM-72弹体外形与AIM-9类似，弹体直径较小，两组各4片控制翼面，第一组位于弹体头部，三角形，第二组位于弹体底端，面积较大，前级后掠，翼尖部分宽度较大，整体呈梯形。MIM-72导弹的发射载体由M113装甲人员运输车衍生而来，其发动机舱及乘员舱位于车体前方，后方则装设M54导弹发射装置，多以防水帆布覆盖作为保护，车头两侧各有一组红外线灯，具有两栖作战能力，以履带打水的方式前进。

MIM-72导弹弹体特写

Chapter 07　地对空导弹

作战性能

MIM-72"小槲树"地对空导弹的最大射程为 6000 米，射高 3000 米，采用双色红外寻的头，具有迎头攻击和较强的抗干扰能力。根据不同需要，MIM-72 有多种机动方式。MIM-72 导弹曾被多次改进，其中 MIM-72F 型使用无烟推进剂和新型寻的头。整套系统结构简单，使用方便，便于训练使用。

发射中的 MIM-72"小槲树"地对空导弹

趣闻逸事

在海湾战争中，驻沙特的美军部队装备了 MIM-72"小槲树"地对空导弹用于野战防空。两种只供外销用的 MIM-72 曾进行生产：MIM-72H 是 MIM-72F 的外销版，而 MIM-72J 则是 MIM-72G 的降级外销版（主要降低了导引装置和飞控系统的功能）。

MIM-72"小槲树"地对空导弹弹头特写

TOP4 美国 MIM-104 "爱国者"地对空导弹

MIM-104 地对空导弹是美国雷神公司制造的全天候多用途中程防空导弹系统。

排名依据：MIM-104 "爱国者"的一个导弹火力单元可同时监视 100 个目标，用 8 枚导弹拦截多个目标。"爱国者"导弹系统的自动化程度高，一部相控阵雷达可以完成目标搜索、探测、跟踪、识别以及导弹的跟踪制导和反干扰任务，射击反应时间仅 15 秒。MIM-104 "爱国者"导弹曾在 1991 年海湾战争中发挥了重要作用，并在战后被广为人知，成为美国的代表性武器之一。

MIM-104 "爱国者"地对空导弹发射车

Chapter 07　地对空导弹

建造历程

MIM-104"爱国者"导弹于1960年开始研发，1970年首次进行试验，1982年成型，并于1984年开始装备部队并服役。前后历时17年，耗资20亿美元。1988年，被改良成"爱国者"增强型，适用于更为严峻的反弹道导弹作战。

发射瞬间　　　　　　　　　　发射阵地

主体结构

MIM-104"爱国者"地对空导弹系统由导弹及发射装置、相控阵雷达、作战控制中心和电源等部分组成，全套系统被安装在4辆制式卡车和拖车上。导弹弹体呈圆柱形，尖卵形头部，无弹翼，控制尾翼呈十字形配置。其弹长5.8米，弹径0.41米，弹重约900千克。战斗部装有无线电近炸引信，内装91千克高爆炸药。

作战性能

MIM-104"爱国者"地对空导弹采用破片效应摧毁目标，有效毁伤半径为20米。该导弹采用了高性能的固体火箭发动机，导弹对飞机作战

227

时的最大有效射程为 80 千米，对战术弹道导弹作战则为 40 千米。"爱国者"地对空导弹能在电子干扰环境下拦截高、中、低空来袭的飞机或巡航导弹，也能拦截地对地战术导弹。能对付多个目标，具备一定的抗毁和攻击能力。

可发射 4 枚 MIM-104 "爱国者" II 型导弹的发射车

趣闻逸事

雅典奥运期间，为了奥运会场的安全，希腊军方部署了 MIM-104 "爱国者"地对空导弹，防范来自空中的恐怖攻击。

TOP3 俄罗斯 2K12 "卡勃"地对空导弹

2K12 "卡勃"（Kub）导弹是苏联于 20 世纪 50 年代末开始研制的机动式中低空中程野战地对空导弹系统，北约代号为 SA-6。

Chapter 07　地对空导弹

排名依据：2K12 "卡勃"是世界上第一种采用整体式固体冲压和固体火箭组合发动机的导弹，即导弹使用固体火箭，燃烧完的火箭成为冲压式主发动机的燃烧室，这是领先于时代的推进技术。除原华约国家装备这种武器系统外，还广泛出售给第三世界国家。据不完全统计，有 20 多个国家装备了苏制 2K12 导弹。

建造历程

2K12 "卡勃"地对空导弹于 1959 年开始由苏联托罗波夫 OKB-134 特种工程设计局研制，是伊凡·伊凡诺维奇·托罗波夫一生的最后作品。莫斯科信号旗机械制造设计局（俄罗斯最大的空对空导弹设计局）与吉哈米洛夫仪器设计科学研究院（Tikhomirov Scientific Reseach Institute of Instrument Design，NIIP，俄罗斯最大的机载雷达设计单位）负责制造。1970 年开始装备苏军部队，截至 2016 年仍然在俄罗斯军队中服役。

主体结构

2K12"卡勃"地对空导弹采用尖卵形弹头,圆柱形弹体。弹体中部有冲压发动机进气孔,进气道向后延伸,外观沿弹体方向呈四道凸起。"卡勃"地对空导弹采用固体火箭和冲压一体化发动机,比冲高。

作战性能

2K12"卡勃"地对空导弹的制导雷达采用多波段多频率工作,抗干扰能力强;导弹采用固-冲组合发动机,比冲高。导弹的主要缺点是制导系统技术不是很先进,采用了大量电子管,体积大、耗电多、维修不便和操作自动化低等。此外,2K12"卡勃"地对空导弹的发射车上没有制导雷达,一旦雷达车被击毁,整个导弹连就丧失了战斗力。

2K12 导弹雷达(1s91)和导弹发射器

趣闻逸事

2K12"卡勃"地对空导弹在第四次中东战争中有出色的表现,在历时18天的战争中,以色列被阿拉伯国家击落的114架飞机中,有41架是被2K12"卡勃"导弹击落的,因而名噪一时。

部署在匈牙利的2K12"卡勃"地对空导弹

TOP2 俄罗斯 S-400"凯旋"地对空导弹

　　S-400 地对空导弹是俄罗斯阿尔玛兹·安泰设计局为俄罗斯防空军设计的新一代移动式中远程防空导弹系统，北约代号为 SA-21"凯旋"（Growler）。

　　排名依据： S-400 地对空导弹是俄军防空部队现役最先进的主力装备。S-400 系统采用新型的 40N6 远程导弹时，射程可达 400 千米，为当今地对空导弹射程之最。当 S-400"凯旋"防空系统具备完全作战能力时，未来将成为俄罗斯防空系统的支柱。

建造历程

自 S-300 系列地对空导弹从 1967 年开始研制以来，已由基本型先后迭代发展出了 S-300、S-300PMU、S-300PMU1、S-300PMU2 等型号，其中 S-300PMU2 是该系列的终极装备。S-400 是在 S-300PMU2 的基础上，以全新的设计理念，充分利用俄罗斯在无线电、雷达、火箭制造、微电子、计算机等领域的先进研究成果，研制的机动式多通道防空与末段低层反导一体化"三代半"远程地对空导弹武器系统。

主体结构

S-400 采用了模块化的系统结构，可以与 S-300P 系列所有型别的导弹系统组合，以新系统带动老装备，充分调动并提升了整体作战潜力。S-400 系统设计独特，其火力单元(最小作战单位)包括 1 辆相控阵制导雷达车和几辆导弹发射车。每辆发射车上可装载不同类型和不同数量的导弹，导弹发射车外形与 S-300MPU 系列相类似，配置极为灵活。

作战性能

S-400 地对空导弹具有远、中、近程和高、中、低空防御作战能力。它与先进的对空侦察设施相结合，不仅可以降低对手提高空袭能力而对俄罗斯构成的威胁，还能与俄罗斯的经济实力相适应。S-400 的照射制导雷达为

Chapter 07　地对空导弹

先进的相控阵雷达，探测和跟踪距离远，可同时完成搜索跟踪目标、制导导弹、反电子干扰等任务。S-400 地对空导弹可同时制导多枚导弹、攻击多个目标，尤其适合在强烈的电子干扰环境下作战。

S-400 地对空导弹首次采用了三种新型导弹和机动目标搜索系统，可以对付各种作战飞机、空中预警机、战役战术导弹及其他精确制导武器，既能承担传统的空中防御任务，又能执行非战略性的导弹防御任务。

S-400 发电机支援车

S-400 参与野战部署

趣闻逸事

S-400 地对空导弹现役俄罗斯 8 个营。其中包括 210 防空火箭团 2 个营，606 防空火箭团 2 个营，东方司令部 2 个营和西方司令部 2 个营。

侧方特写

TOP1 美国战区高空防御导弹

战区高空防御导弹（Terminal High Altitude Area Defense, THAAD）是美国陆军研发的一款高空防御导弹。

排名依据：战区高空防御导弹属于国家导弹防御系统的加强一环，意图取代"爱国者"导弹，发展一种更强的拦截能力。战区高空防御导弹最终达到了比海基标准三型导弹更强的拦截能力，强化了国家导弹防御系统和战区导弹防御系统的功能。

侧方特写

Chapter 07　地对空导弹

建造历程

　　波斯湾战争后，美军希望在加强爱国者导弹的同时发展一种新的专用拦截用导弹，要求是防御覆盖面更广大，命中率更高，并能够拦截平流层上的导弹。这一计划由洛克希德·马丁公司展开。2008年，战区高空防御导弹正式服役。

战区高空防御导弹发射瞬间

主体结构

　　战区高空防御导弹以发射车一组10枚方式部署，拥有比海基"标准"Ⅲ型导弹更强大的拦截能力，强化了美国国家导弹防御系统。该导弹采用推力偏向弹头，以秒速2500米飞向目标予以击毁，并由红外线追热装置修正最后航向。搜索发射系统是车载的AN/TPY-2雷达组，可以侦测立体1000千米范围内的来袭导弹。

作战性能

　　战区高空防御导弹主要用于拦截短程、中程和远程弹道导弹，其采用动能直接碰撞杀伤模式摧毁来袭导弹或弹头目标，来袭的核、生、化弹头在受到拦截时不会发生爆炸，不会对美国防御地带造成污染。

发射轨迹

趣闻逸事

　　日本也曾引进一组战区高空防御导弹，在青森县车力分屯基地进行了实验部署。

陆军直升机
Chapter 08
TOP 10

　　陆军直升机是一种为陆军执行作战任务而研制的直升机，主要为地面部队提供直接和精确的近距离空中支援，可用于运送军事人员、武器装备和其他军用物资。本章将详细介绍陆军直升机建造史上影响力最大的十种型号，并根据综合性能、作战影响以及威力大小等因素进行客观公正的排名。

整体展示

建造数量、服役时间和研制厂商

TOP10 美国 OH-58 "奇欧瓦" 轻型直升机

建造数量	2200 架
服役时间	1984 年至今
贝尔直升机公司	贝尔直升机公司是美国一家直升机和倾转旋翼机制造商，总部位于德克萨斯福沃斯 (Fort Worth)。贝尔直升机公司前身为贝尔飞行器公司，属于德事隆（Textron）集团

TOP9 俄罗斯米-6 "吊钩" 运输直升机

建造数量	926 架
服役时间	1959—2002 年
米里设计局	米里设计局经历了直升机设计的四个时代，米里设计局为俄罗斯和全世界贡献了 15 个投产型号的基本型直升机，生产的直升机总数接近 3 万架，占俄罗斯（包括苏联）国产直升机总数的 95%

TOP8 法国 SA 330 "美洲豹" 通用直升机

建造数量	697 架
服役时间	1968 年至今
法国宇航公司	法国宇航公司是一家总部位于巴黎十六区的法国国有宇航制造商，主要生产民用和军用飞机、火箭及卫星

TOP7 美国 UH-72"勒科塔"通用直升机

建造数量	349 架
服役时间	2006 年至今
欧洲直升机公司	欧洲直升机公司（Eurocopter）创建于 1992 年，现已更名为空客直升机公司，由法国宇航和戴姆勒-克莱斯勒宇航两家公司的直升机事业部合并而成，目前是欧洲宇航防务集团（EADS）下属的全球最大的直升机制造公司

TOP6 俄罗斯米-8"河马"运输直升机

建造数量	17 000 架以上
服役时间	1967 年至今
米里设计局	米里设计局经历了直升机设计的四个时代，米里设计局为俄罗斯和全世界贡献了 15 个投产型号的基本型直升机，生产的直升机总数接近 3 万架，占俄罗斯（包括苏联）国产直升机总数的 95%

TOP5 美国 CH-47"支奴干"运输直升机

建造数量	1000 架以上
服役时间	1963 年至今
波音公司	波音公司（The Boeing Company）是美国一家开发、生产及销售固定翼飞机、旋翼机、运载火箭、导弹和人造卫星等产品的公司，为世界最大的航天航空器制造商

TOP4 欧洲 NH90 通用直升机

建造数量	200 架以上
服役时间	1995 年至今
NH 公司	NH 公司是由法国、德国、意大利和荷兰共同组建成立的公司

TOP3 美国 UH-1"伊洛魁"通用直升机

建造数量	16 000 架以上
服役时间	1959 年至今
贝尔直升机公司	贝尔直升机公司是美国一家直升机和倾转旋翼机制造商，总部位于德克萨斯福沃斯（Fort Worth）。贝尔直升机公司前身为贝尔飞行器公司，属于德事隆（Textron）集团

TOP2 俄罗斯米-26"光环"通用直升机

建造数量	316 架
服役时间	1985 年至今
米里设计局	米里设计局经历了直升机设计的四个时代，米里设计局为俄罗斯和全世界贡献了 15 个投产型号的基本型直升机，生产的直升机总数接近 3 万架，占俄罗斯（包括苏联）国产直升机总数的 95%

TOP1 美国 UH-60"黑鹰"通用直升机

建造数量	4000 架以上
服役时间	1979 年至今
西科斯基公司	西科斯基公司是一家美国飞机和直升机制造商。由俄罗斯裔美国飞行器工程师埃格·西科斯基于 1923 年创建。公司总部设在康涅狄格州的斯塔特福德市

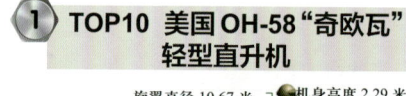

主体尺寸

1 TOP10 美国 OH-58"奇欧瓦"轻型直升机

旋翼直径 10.67 米　机身高度 2.29 米
机身长度 12.39 米

2 TOP9 俄罗斯米-6"吊钩"运输直升机

旋翼直径 35 米　机身高度 9.86 米
机身长度 33.18 米

Chapter 08　陆军直升机

③ TOP8　法国 SA 330 "美洲豹" 通用直升机

机身高度 5.14 米　　旋翼直径 15 米

机身长度 19.5 米

④ TOP7　美国 UH-72 "勒科塔" 通用直升机

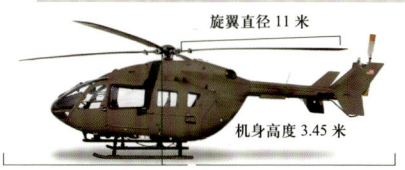

旋翼直径 11 米

机身高度 3.45 米

机身长度 13.03 米

⑤ TOP6　俄罗斯米-8 "河马" 运输直升机

旋翼直径 21.29 米

机身高度 5.65 米

机身长度 18.17 米

⑥ TOP5　美国 CH-47 "支奴干" 运输直升机

旋翼直径 18.3 米

机身高度 5.7 米

机身长度 30.1 米

⑦ TOP4　欧洲 NH90 通用直升机

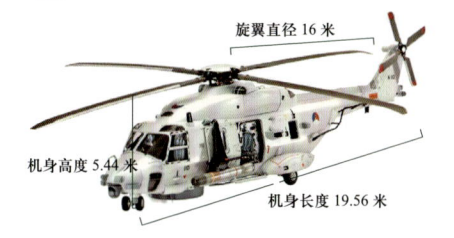

旋翼直径 16 米

机身高度 5.44 米

机身长度 19.56 米

⑧ TOP3　美国 UH-1 "伊洛魁" 通用直升机

旋翼直径 14.6 米

机身高度 4.4 米

机身长度 17.4 米

⑨ TOP2　俄罗斯米-26 "光环" 通用直升机

旋翼直径 32 米

机身高度 8.15 米

机身长度 40.03 米

⑩ TOP1　美国 UH-60 "黑鹰" 通用直升机

旋翼直径 16.36 米

机身高度 5.13 米

机身长度 19.76 米

241

基本战斗性能对比

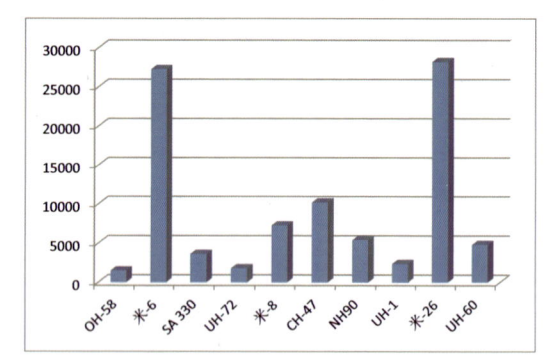

陆军直升机空重对比图（单位：千克）

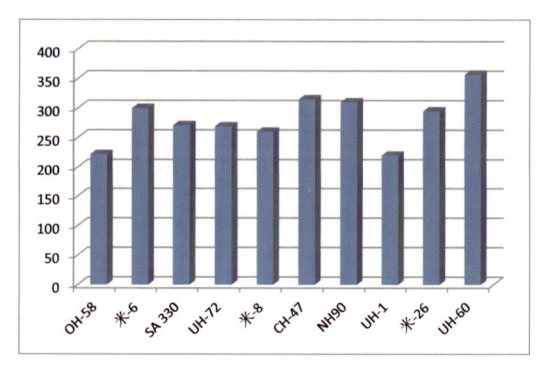

陆军直升机最大速度对比图（单位：千米/时）

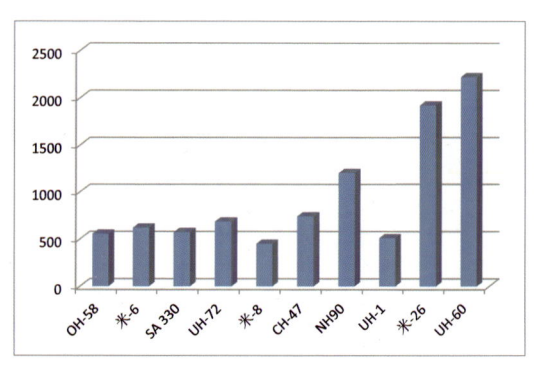

陆军直升机最大航程对比图（单位：千米）

TOP10 美国 OH-58 "奇欧瓦"轻型直升机

OH-58 "奇欧瓦"(Kiowa) 是贝尔直升机公司研制的轻型直升机。

排名依据： OH-58 "奇欧瓦"采用单引擎单旋翼，具有观测和部分攻击能力。该机服役后参与了越南、海湾、伊拉克的多次局部战争。最新机型是 OH-58D "奇欧瓦战士"，主要担任陆军支援的侦察角色。

建造历程

美国"奇欧瓦"轻型直升机是由美国贝尔直升机公司研制的。虽然 OH-58 系列的最早型号 OH-58A 早在 20 世纪 60 年代就已经开始服役，但经过多次改进，美军计划让 D 型服役到 2020 年。OH-58D 在 1982 年 11 月通过了美陆军的设计评估，5 架原型机中的首架在 1983 年 10 月首飞。第 2

架和第 5 架原型机用作飞行性能测试；第 3 架配备了完整的任务装备并测试了电子系统；第 4 架原型机用于电子系统电磁协调性测试。整个试飞在 1984 年 6 月完成，同年 7 月交付美国陆军，次年 2 月正式服役。

后方特写　　　　　　　　　　　侧方特写

主体结构

OH-58 系列基本上照搬了贝尔 406 直升机的机身。D 型沿用了 A 型号的机身，加强了机体结构，以延长其服役寿命。OH-58 装有滑橇式起落架，舱内有加温和通风设备。OH-58D 改用了 4 叶复合材料主旋翼，机动性有所增强，振动减小，可操控性提高。OH-58D 可以同时搭载下列 4 种武器中的两 种：2 发 AGM-114 导弹、2 发 AIM-92 导弹、70 毫米 Hydra70 火箭、12.7 毫米 M2 重机枪。此外，OH-58D 机身两侧还有全球直升机通用挂架 (UWP)。OH-58D 还装有桅顶瞄准具，能提供非常好的视界。

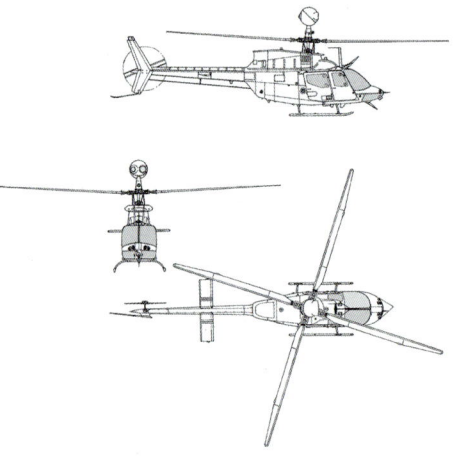

OH-58 轻型直升机三视图

作战性能

OH-58 的主要任务包括野战炮兵观测，同时为"铜斑蛇"激光制导炮弹提供目标照射。OH-58 可以利用自身的观瞄装置进行目标坐标计算和测距，再经由 ATH 传输目标信息，使地面炮兵能实时精确地发起攻击；OH-58 也可为其他飞机提供类似支援，如和武装直升机组成"猎-歼小组"，互补不足，完成地面支援任务。必要的时候，OH-58 也可用自身携带的武器发起攻击。

OH-58 轻型直升机进行编队飞行

趣闻逸事

1989 年，国会要求陆军国土防卫将计划重点放在反毒战争上，用于帮助盟国和地方执法机构实行"国会特许权力"。1992 年陆军国土防卫署成立了侦察与空中禁航特遣队（RAID），在 31 个州设立飞行队，使用 76 架改装型 OH-58A 对抗空中非法运毒。

正在执行作战任务的 OH-58 轻型直升机

TOP9 俄罗斯米-6"吊钩"运输直升机

米-6"吊钩"（Hook）是苏联米里设计局设计的重型运输直升机。

排名依据： 米-6曾经是最大型的直升机，拥有16项世界飞行纪录，包括直升机最大载重记录（20117千克）和最快320千米/时的速度纪录，此速度曾一度被认为是直升机不可能达到的。米-6开创了在直升机上使用短翼的先河，仅凭这一点便足以使其在航空史上占有一席之地，后来有人把这种采用短翼的直升机称为复合直升机。

建造历程

1954年，苏联政府向米里设计局提出研制一种新的重型运输直升机，对其提出的要求是能将11000千克的载荷运送到240千米远的地方。在用作军事运输时，要能够输送导弹发射车、轻型装甲车辆及其乘员或运送大量步兵进行机降作战。在民用方面，利用重型直升机来开发那些人迹罕至、车辆难行的地方，要求它能将一些超大、超长的设备运送到偏远地区，并将其中的资源运出来。同时，新型直升机的航程要长，能够将设备和物资在几百千米距离内进行转运；此外，直升机要具有全天候飞行能力。

根据任务要求，米里设计局以惊人的速度在短短的 3 年时间里就研制成功了苏联第一种重型直升机米-6，北约给米-6 起的绰号叫"吊钩"（Hook）。该机于 1954 年开始研制，1959 年投入批量生产。

米-6 运输直升机在阿富汗战场

主体结构

米-6 的机身为普通全金属半硬壳式短舱和尾梁式结构，旋翼有 5 片桨叶，尾桨有 4 片桨叶，位于尾斜梁右侧。尾斜梁起垂直尾面的作用。平尾位于尾梁后部，其安装角可调。短翼机身上装有悬臂式短翼，位于主起落架撑杆上方。向前飞时，短翼可使旋翼卸载达总升力的 20%。在执行消防和起重任务时，短翼可以拆除。机组乘员由正、副驾驶员，领航员，随机机械师和无线电报务员 5 人组成。为便于装卸货物和车辆，座舱两侧的座椅是可折叠的，在座舱内装有承载能力为 800 千克的电动绞车和滑轮组。

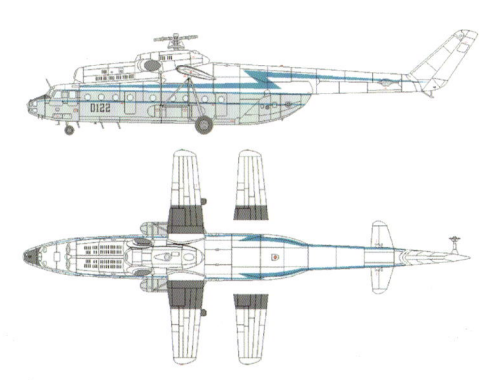

米-6 运输直升机示意图

247

作战性能

一些军用型米-6直升机在机头处装有一挺口径为12.7毫米的机枪。米-6直升机机身后部有蛤壳式舱门和液压收放的折叠式踏板,便于装卸导弹和大炮等重型军事设备。在执行起重任务时,可用位于重心处的吊钩在外部吊挂大型货物,如重型建筑设备、石油钻探机械部件等。当执行救火任务时,可将灭火器材和消防人员运载到着火地区。当执行伤病员救护任务时,可装载41副担架和两名医护人员。作为旅客机使用时,可运送65名旅客及随身携带的货物和行李。

趣闻逸事

进入21世纪后,俄罗斯所拥有的米-6已经不多了,而在2002年7月的一次坠毁事故后(导致21人死亡),俄罗斯军事运输司令部下令让现有的米-6全部停止执行任务。不过至今在俄罗斯一些地区偶尔仍能看到米-6的身影。

TOP8 法国 SA 330 "美洲豹" 通用直升机

SA 330 "美洲豹"(Puma)是法国宇航公司研制的双发中型通用直升机。

排名依据： 在 20 世纪七八十年代，SA330 "美洲豹" 成为许多国家空军装备的标准中型运输直升机，直到西科斯基公司的 "黑鹰"（Black Hawk）直升机面世之后才取代其地位。SA330 "美洲豹" 在基准设计的基础上进行的改动不多，这也证明了该机型设计的成功。

建造历程

1962 年，法国开始探求一款能够搭载 20 名乘员并可执行一系列其他相关任务的运输直升机。法国宇航公司并没有认真考虑改进其现存机型的想法，取而代之的是开始研发一款全新的机型——SA 330，一开始被命名为"云雀"（Alouette）IV。该计划于1963年开始，原型机于1965年6月14日首飞，并被命名为"美洲豹"。

主体结构

SA 330 有一个高度相对较大的粗短机身，尾撑平直，采用前三点固定起落架，旋翼为4叶，尾桨为5叶。机身背部并列安装了两台透博梅卡"透默"IVC型涡轮轴发动机，用于驱动一个4旋翼螺旋桨。高栏板主机舱装有侧滑门，机身下部装备有新式的可收起的三点式起落架，在机身后部两侧装有宽大的突出台。机头为驾驶舱，飞行员为1～2名，主机舱开有侧门，可装载16名武装士兵或8副担架和8名轻伤员，也可运载货物，机外吊挂能力为3200千克。

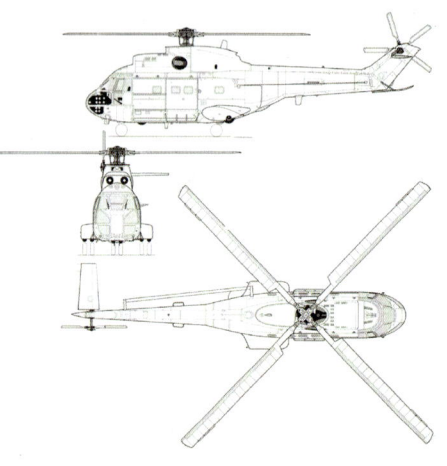

SA 330 通用直升机三视图

作战性能

"美洲豹"通用直升机是在许多国家得到使用的性能良好的运输型直升机。该机可根据要求搭载导弹、火箭，或在机身侧面与机头部位分别装备20毫米机炮及7.62毫米机枪。

Chapter 08　陆军直升机

趣闻逸事

1970年1月，法国南方飞机公司与北方航空公司（Nord）、弹道武器研究制造公司（SEREB）合并，组成了法国宇航公司。

TOP7 美国UH-72"勒科塔"通用直升机

UH-72"勒科塔"（Lakota）是欧洲直升机公司研制的通用直升机。

排名依据：UH-72"勒科塔"在医疗救助、近海作业及执法、维和等领域得到了广泛的应用。该机具有优异的高海拔/高温性能。随着首架

251

UH-72通用直升机的服役，这一机型将逐步替换现役"黑鹰"直升机执行的一些任务，使被替换的"黑鹰"直升机能用于执行国际任务。

建造历程

UH-72"勒科塔"是美国军方为取代UH-I和OH-58直升机而研制装备的轻型多用途直升机，它不仅小巧玲珑，而且功能多样，身兼数职。2006年6月30日，美国陆军与欧洲宇航防务集团签署总金额为23亿美元的322架"轻型多用途直升机"（LUH）生产合同后，首架UH-72A轻型多用途直升机（LUH）于当年正式交付美国陆军。

UH-72通用直升机进行编队飞行

主体结构

UH-72机载无线电设备工作频带不仅涵盖国际民航组织规定的通信频率，与各国民航部门进行通信，还能够与军事、执法、消防和护林等单位进行联系；同时，UH-72上还装有GPS接收机，可以精确获得位置、飞行速度和时间等信息。

Chapter 08　陆军直升机

UH-72 通用直升机三视图

作战性能

UH-72 "勒科塔"机舱布局比较合理。在执行医疗救护任务时，机舱内可同时容纳两副担架和两名医疗人员，由于舱门较大，躺着伤员的北约标准担架可以方便进出机舱。在执行人员运输任务时，机舱内可容纳不少于 6 名全副武装的士兵。

UH-72 通用直升机在执行救援任务

253

趣闻逸事

UH-72通用直升机沿袭了用"阿帕奇""科曼奇"等著名北美印第安部落命名陆军直升机的传统,以"勒科塔"这个坚决保卫家园的印第安部落来为其命名。

TOP6 俄罗斯米-8"河马"运输直升机

米-8"河马"(Hippo)是米里设计局研制的中型运输直升机,外销超过80个国家。

Chapter 08　陆军直升机

排名依据： 从投产以来，米-8和它的衍生型总产量已超过1.2万架，外销到超过80个国家，成为目前全世界产量最大的直升机。除了担任运输任务以外，该机还能够加装武器进行火力支援。连著名的米24系列武装直升机也是源自米8的基础设计而成的。

建造历程

米-8是苏联米里设计局研制的双发单桨中型运输直升机，北约组织给予其绰号"河马"。1960年5月开始研制，1961年6月第一架原型机首次试飞，1967年开始服役。1971年，米里设计局开始对第一代米-8进行改进。1975年，米里设计局将改进完成的米-8命名为米-8MT（北约称之为河马-H），并在当年的8月17日进行了首飞。1971年，米里设计局将米-8MT称为米-17。

主体结构

米-8 采用传统的全金属截面半硬壳短舱加尾梁式结构，机身前部为驾驶舱，驾驶舱可容纳正、副驾驶员和机械师 3 人。座舱内装有承载能力为 200 千克的绞车和滑轮组，以装卸货物和车辆。座舱外部装有吊挂系统，可以用来运输大型货物。米-8 武装型一般在机身两侧加挂火箭弹发射器，机头加装 12.7 毫米口径机枪，并可在挂架上加挂反坦克导弹。

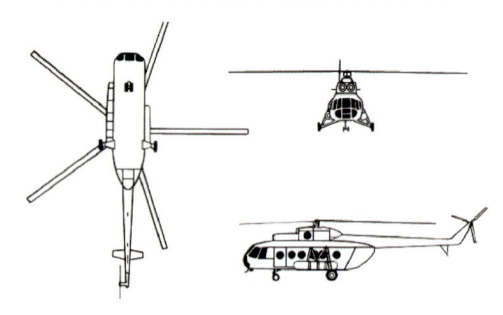

米-8 运输直升机三视图

作战性能

米-8 最初作为一种十二三吨的运输直升机而设计，但在使用过程中设计局对它进行了深度的改装，改装后可加装 6 个武器挂架，携带火箭巢，后期型号甚至可使用反坦克导弹，变身成一种突击运输直升机，还有电子战、指挥、布雷等特种改型。

米-8 军用直升机

趣闻逸事

电影《敢死队2》(The Expendables 2)里,型号为米-8TV的直升机被桑族武装分子所使用,挂载UV-16-57火箭发射器及炸弹,奇怪地使用米-24武装直升机早期型号的驾驶舱。电子游戏《使命召唤4：现代战争》(*Call of Duty 4: Modern Warfare*)中也有型号为米-8T的直升机。米-8运输直升机在1996年与2011年分别被俄罗斯忠诚派武装力量、俄罗斯极端民族主义党武装部队及卡莱德·阿拉萨德的反抗军使用。

米-8运输直升机前侧方特写

TOP5 美国 CH-47 "支奴干"运输直升机

CH-47"支奴干"直升机（Chinook）是由美国波音公司制造的一款多功能、双发动机、双旋翼的中型运输直升机。

排名依据： CH-47 在开始服役时，是飞行速度最快的直升机。在海湾战争中，曾被广泛用于建立加油与补充弹药站、支援纵深作战、执行远程救援等任务。在地面作战开始的第一天，就为地面部队运送了 595526 升的燃料和大量的弹药、食物和水，并为地面部队空运了榴弹炮。目前，CH-47 已被外销至全球 16 个国家及地区。

建造历程

1958 年 6 月 25 日，美国陆军发布了中型运输直升机的招标书。波音公司被选定生产定名为 YCH-1B 的 5 架直升机作为陆军新型的中型运输直升机。1962 年 7 月，YCH-1B 被重新定名为 CH-47A。CH-47A 型于 1963 年开始装备美军，后又发展了 B、C、D 型。目前仍在进行现代化改装。CH-47 型机是美军主要的运输直升机，也是唯一的中型运输直升机。装备最多的是 C 型和 D 型。其中 CH-47D 型是美陆军 21 世纪初空中运输直升机的主力。

主体结构

CH-47 的机身为正方形截面半硬壳式结构。驾驶舱、机舱、后半机身和旋翼塔基本上为金属结构。机身后部有货运跳板和舱门。两个纵列旋翼安置在机身上方,两台发动机则外置在机身后部,发动机通过一条安装在机身顶部的传动轴驱动前旋翼。这种设计意味着 CH-47 的机舱和外挂点不受机体结构影响,机舱长而平直,三个外挂点也容易布置。

CH-47 的货舱能够装载 45 名全副武装的士兵,或 10 吨货物,或 155 毫米榴弹炮,或小型汽车。外挂点也有相应的承载能力。这种宽大方便的机舱、外挂点设计要归功于纵列双旋翼布局。在 CH-47 机尾处有一个可放倒的跳板式机舱门,装载货物非常简便。小型车辆可通过这扇门自由进出机舱。另外机上还有两个大尺寸的侧门。由于有较大的载重量,CH-47 算得上是一种理想的战场供应直升机。

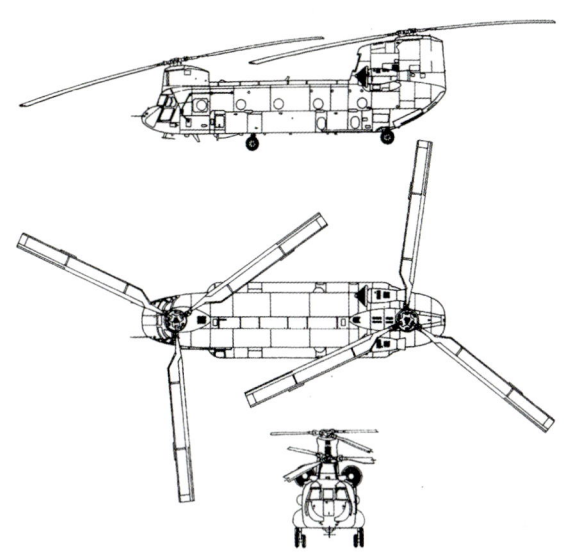

CH-47 运输直升机三视图

作战性能

CH-47 具有全天候飞行能力,可在恶劣的高温、高原气候条件下完成任务。可进行空中加油,具有远程支援能力。部分型号机身上半部分为水密隔舱式,可在水上起降。该机运输能力强,可运载 33～35 名武装士兵,或运载 1 个炮兵排,还可吊运火炮等大型装备。CH-47 的玻璃钢桨叶即使被 23 毫米穿甲燃烧弹和高炮燃烧弹射中,仍能安全返回基地。

正在吊运战车的 CH-47 运输直升机

趣闻逸事

　　CH-47"支奴干"运输直升机一直是美国特种部队和常规陆军部队频繁使用的运输工具，但是，目前的"支奴干"直升机已经老化，维护与使用开支不断增加。因此，美国陆军启动了 CH-47F 改进型直升机升级计划，这可以使老化的"支奴干"直升机的寿命再延长 20 年。

CH-47 运输直升机在雪地搭载士兵

TOP4 欧洲 NH90 通用直升机

NH90 是法国、德国、意大利和荷兰共同研制的中型通用直升机。

排名依据： NH90 在研制期间号称是"欧洲最大的直升机项目"。NH90 在商业上的一个重大的成功是被"北欧标准直升机计划 NSHP"选中，装备挪威、芬兰、瑞典等北欧国家，目前已订购 52 架，意向增购 17 架。随着世界局势的发展、欧洲国家的需求和其他直升机的竞争，NH90 已经成为世界军用直升机的重要一员。

NH90 通用直升机下方特写

建造历程

  1986 年 11 月，欧洲 NH90 直升机完成了最初 14 个月的研究阶段的工作。后来，英国退出了这一计划。当时美国的贸易部和国防军事装备部建议英国与美国的西科斯基公司合作研制新一代直升机，英国也认为这样更有成效。更重要的是，英国考虑到 NH90 直升机会与"超级山猫"直升机和 EH101 直升机争夺同一市场，所以英国参与 NH90 研制，无疑是砸自己的饭碗。1987 年 4 月，英国韦斯特兰公司宣布退出这项计划。刚进入理论阶段的 NH90 计划也随之搁浅。东德和西德合并后，NH90 计划受到了第二次打击。德国为发展原东德地区，减少了国防费用和高技术的开发费用，因此从 1990 年起不再拨款给 NH90 直升机计划。 随后法国、德国、意大利和荷兰于 1992 年组建了 NH 公司，该公司目前是主承包商。1995 年 11 月 NH90 原型机首飞，2000 年 6 月 30 日开始批量生产。

主体结构

  NH90 的机身由全复合材料制成，隐身性好，抗冲击能力较强。4 片桨叶旋翼和无铰尾桨也由复合材料制成，可抵御 23 毫米口径炮弹攻击。机体有足够的空间装载各种海军设备，或安排 20 名全副武装士兵的座椅。通过尾舱门跳板还可运载 2 吨级战术运输车辆。该机的动力装置为两台 RTM322-01/9 涡轮轴发动机，单台功率为 1600 千瓦。

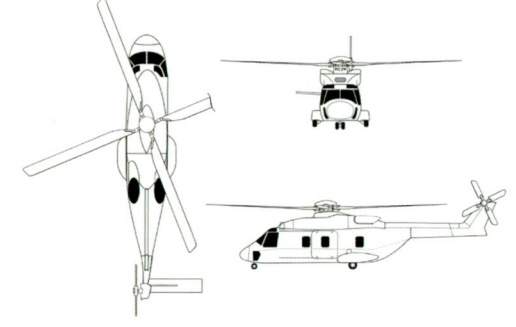

NH90 通用直升机三视图

262

Chapter 08　陆军直升机

作战性能

　　NH90 战术运输型直升机主要用于人员与物资的战术性运输，可运载 14～20 人以及 2.5 吨的物资。后舱可搭载 1 辆轻型运输车辆。此外，战术运输型直升机还可执行医疗救护、电子战、飞行训练、要员运输等任务，并能作为空中指挥所使用。

趣闻逸事

　　挪威于 2001 年 12 月正式订购 14 架 NH90，并意向增购 10 架。目前每架的造价为 1700 万～2000 万美元。

NH90 通用直升机前方特写

TOP3 美国 UH-1 "伊洛魁"通用直升机

UH-1 "伊洛魁"（Iroquois）是贝尔直升机公司研发的通用直升机。

排名依据： UH-1 是美军批量装备的第一个搭载了涡轮轴发动机的直升机。UH-1 的改型很多，除供美国武装部队使用外，还出口美、欧、澳、亚各洲许多国家和地区，生产总数在 16000 架以上，是世界上生产数量最多的几种直升机之一。UH-1 系列直升机至 20 世纪 70 年代末仍是美国陆军突击运输直升机队的主力。

建造历程

1954 年美国陆军提出招标研制下一代直升机，贝尔公司以贝尔 204 的

Chapter 08　陆军直升机

名义制造的样机在 1955 年美国陆军招标中胜出，获得 XH-40 项目的合同，成立以巴特拉姆·凯利为首的研发组，确定选用 1 台莱康明公司研发的 T-53 涡轮轴发动机。主旋翼叶片为两片。1956 年 10 月 20 日原型机首飞，正式采用并命名为 HU-1（Helicopter Utility），昵称 Huey。HU-1 首批生产型在 1959 年交付美军服役，从 1962 年起军用编号改名为 UH-1。

飞行中的 UH-1 通用直升机

主体结构

UH-1 采用单旋翼带尾桨形式，扁圆截面的机身前部是一个座舱，可乘坐正、副飞行员（并列）及乘客多人，后机身上部是 1 台莱卡明 T53 系列涡轮轴发动机及其减速传动箱，驱动直升机上方有两枚桨叶组成的半刚性跷跷板式主旋翼。UH-1 的起落架是十分简洁的两根杆状滑橇。机身左右开有大尺寸舱门，便于人员及货物的进出。

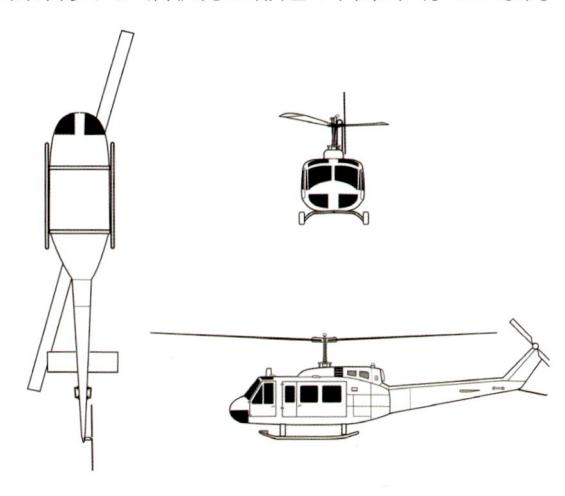

UH-1 通用直升机三视图

265

作战性能

UH-1 参加过历次局部战争，是 20 世纪 60 年代至 90 年代西方国家最常用的多用途军用直升机。该机的常见武器为两挺 7.62 毫米 M60 机枪，加上两具 7 发（或 19 发）91.67 毫米的火箭吊舱。

趣闻逸事

UH-1 根据美军命名传统被正式命名为"Iroquois"（为北美原住部族之一的伊洛魁部落名称），而贝尔直升机公司另起了一个绰号，名为 Huey（休伊）。相比之下，"休伊"这个名称更广为人知。

TOP2 俄罗斯米-26"光环"通用直升机

米-26"光环"(Halo)是米里设计局研制的双发重型运输直升机。

排名依据： 米-26是苏联继米-6和米-10发展的重型运输直升机。该机的机舱内载和舱外外挂重量与美国C-130运输机载荷能力相当。米-26是第一架旋翼叶片达8片的重型直升机，两台发动机能进行动力互补，即在其中一台动力不足或失效的情况下，另一台发动机则输出更大功率以维持飞机的飞行动力。它的重量只比米-6略重一点，却能吊挂20吨的货物，是继米-12之后世界第二大和第二重的直升机，为目前全球服役中最大和最重的直升机。

建造历程

由于苏联在20世纪70年代初期研发米-12直升机的效果不理想，于是重新开始研制重型直升机，任务代号为"90计划"，这就是后来的米-26

直升机。该款新机型的设计要求飞机自身重量必须小于其起飞重量的一半，由米尔设计局创始人米哈伊尔·米尔的学生马纳特·迪歇切科负责设计。米-26 以军民两用的重型直升机为目标，以取代早期的米-6 和米-12 重型直升机。新设计的米-26 机舱载重是米-6 的两倍，是世界最大和最快的量产重型直升机。苏联建造米-26 的目的是为运送重达 13 吨的两栖装甲运兵车以及协同军用运输机将弹道导弹运往偏远地区。

1977 年 9 月 14 日，"米-26"通用直升机进行了首飞。1980 年 10 月 4 日，编号为"01-01"的首架飞机交付使用。1983 年，"米-26"的研发工作结束。1985 年，飞机开始进入苏联军中服役，并进行商业营运。

主体结构

米-26 机身为全金属铆接，后舱门备有折叠式装卸跳板。机身底部为固定式三点起落架，每个起落架有两个轮胎，前轮可控制转向，主起落架的高度还可作液压调节。货舱顶部装有导轨并配有两个电动绞车，起吊重量为 5 吨。米-26 的飞行性能能满足全天候需要，如：气象雷达、多普勒系统、地图显示器、水平位置指示器、自动悬停系统、通信导航系统等。它的机载闭路电视摄像仪可对货物装卸和飞行中的货物姿态进行监察。

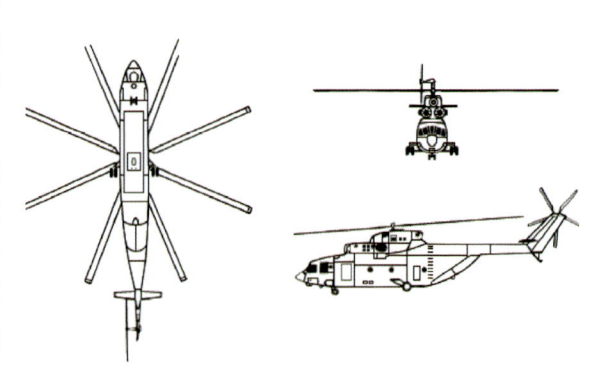

米-26 通用直升机三视图

作战性能

米-26 使用了两台涡轮轴发动机，安装在驾驶舱上方。发动机采用电加热和热空气兼备的双防冰装置，以适应严寒地区飞行。为防止单一发动机发生故障，飞机装备了保持旋翼转速的稳定系统，当一台发动机出现故障时，另一台则会输出更大的功率，以保持飞机仍可正常飞行。货舱空间巨大，如用于人员运输，可容纳80名全副武装的士兵或60张担架床及4～5名医护人员。米-26具备全天候飞行能力，可远离基地到完全没有地勤和导航保障条件的地区独立作业。

趣闻逸事

2007年6月至8月，希腊发生特大森林火灾，俄罗斯政府派出包括6架"米-26"通用直升机在内的十余架飞机参与了当时的灭火救援。

米-26通用直升机正在吊运CH-47直升机

TOP1 美国 UH-60"黑鹰"通用直升机

UH-60"黑鹰"(Black Hawk)是西科斯基公司研制的通用直升机。

排名依据： UH-60"黑鹰"衍生出了许多型号和版本，彰显了其近乎完美的通用性，除美国之外还有 20 多个国家和地区购买了 UH-60，这些出口型号一般都称作 S-70 直升机（即西科斯基公司编号）。UH-60 以其 4500 多架的生产量成为世界上生产数量最多的直升机之一，更证明了其设计的优异性。

建造历程

1972 年 1 月，美国陆军向工业界颁布了通用运输飞机系统（UTTAS）方案征求书，要求该机在性能、生存力和维护性方面达到新的标准。1972 年 8 月，波音·伏托尔和西科斯基的方案入围，每家制造商都获得了两架地面测试机和三家试飞原型机的合同，并通过广泛试飞来一决胜负。西科斯基的 UTTAS 原型机，公司编号为 S-70，军方编号为 YUH-60A。1974 年 10 月 17 日，第一架原型机首飞。波音·伏托尔的原型机 YUH-61A 于 11

月 29 日首飞。1976 年，陆军开始对两种飞机进行非常彻底的评估。一架 YUH-60A 在夜间试飞中不小心降落在肯塔基州坎贝尔堡附近的一处密林中，导致旋翼受损，但没有人员伤亡，更换旋翼后自行飞回基地，随后仅进行细微修理就重新试飞，这给陆军留下了深刻印象。1976 年 12 月 23 日，西科斯基被评为获胜者，并获得 UH-60A "黑鹰" 首批订单。

UH-60 通用直升机进行编队飞行

主体结构

UH-60 原型机最初安装的是固定式后掠平尾，导致直升机在降落和悬停时机鼻上仰，经过一系列研究和测试后才改为现在的可下偏平直平尾式样。生产型还加固了尾轮，修改了机身与发动机间的整流外形，因导致过度振动而加高了旋翼。此外修改了舷窗，驾驶舱舱门上的滑动式侧窗因通风过大而被改为带滑动小窗的普通侧窗。座舱后方的单块舷窗也被更容易打开的两扇滑动舷窗取代。旋翼和尾桨都是 4 叶的，可承受 23 毫米炮弹的射击。每片旋翼桨叶由钛合金翼梁、玻纤蒙皮、蜂窝芯、前缘镍磨损护套组成。尾桨是用碳纤维－环氧树脂复合材料制造的，并且相对于垂直面倾斜 20 度以为旋翼卸载。垂尾下方有平直的飞行稳定尾翼，在低速和悬停时平尾下偏，以免影响飞机姿态。

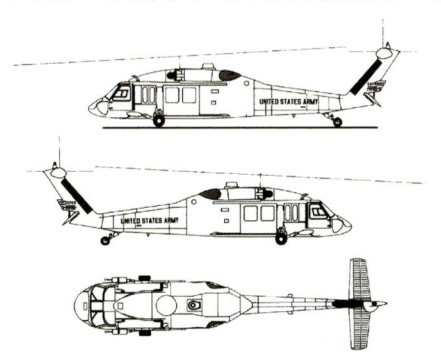

UH-60 通用直升机三视图

作战性能

UH-60 大幅提升了部队容量和货物运送能力。在大部分天气情况下，3 名机组成员中的任何一个都可以操纵飞机运送全副武装的 11 人步兵班。拆除 8 个座位后，可以运送 4 个担架。此外，还有 1 个货运挂钩可以执行外部吊运任务。UH-60 通常装有两挺机枪，一具 19 联装 70 毫米火箭发射巢，还可发射 AGM-119 "企鹅"反舰导弹和 AGM-114 "地狱火"空对地导弹。

趣闻逸事

在 1993 年 10 月 3 日索马里的军事干预行动中，两架"黑鹰"在一次拙劣的突袭中被击落，索马里民兵拖着一名被击毙美军的尸体游街，这一悲惨事件后来被拍成电影《黑鹰坠落》。此外"黑鹰"还参加了 2001 年美军入侵阿富汗的行动以及 2003 年对伊拉克的占领。

一架装备有 M60 机枪的 UH-60 通用直升机

参 考 文 献

[1]《深度军事》编委会. 坦克与装甲车鉴赏指南[M]. 北京：清华大学出版社，2014.

[2] 铁血图文. 世界经典火炮TOP10[M]. 北京：人民邮电出版社，2015.

[3]《深度军事》编委会. 现代战机鉴赏指南[M]. 北京：清华大学出版社，2014.

世界武器鉴赏系列

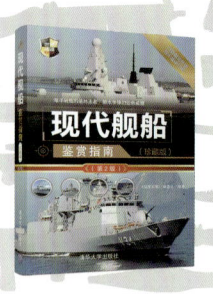

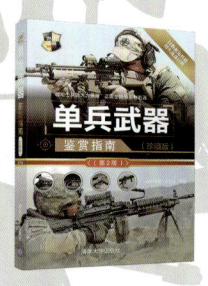

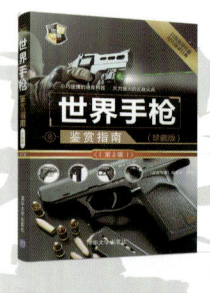

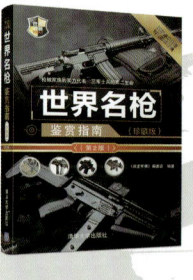

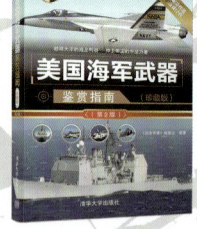

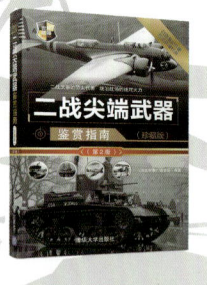

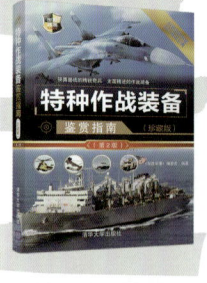

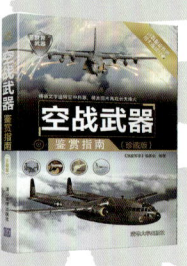

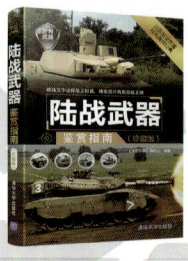

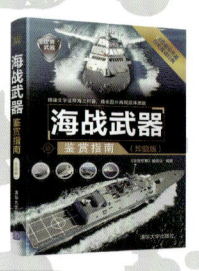

现代舰船 鉴赏指南（珍藏版）（第2版）	现代飞机 鉴赏指南（珍藏版）（第2版）	现代战机 鉴赏指南（珍藏版）（第2版）	单兵武器 鉴赏指南（珍藏版）（第2版）
世界手枪 鉴赏指南（珍藏版）（第2版）	世界名枪 鉴赏指南（珍藏版）（第2版）	美国海军武器 鉴赏指南（珍藏版）（第2版）	二战尖端武器 鉴赏指南（珍藏版）（第2版）
特种作战装备 鉴赏指南（珍藏版）（第2版）	早期经典战机 鉴赏指南（珍藏版）（第2版）	坦克与装甲车 鉴赏指南（珍藏版）（第2版）	空战武器 鉴赏指南（珍藏版）
陆战武器 鉴赏指南（珍藏版）	无人装备 鉴赏指南（珍藏版）（第2版）	特殊武器 鉴赏指南（珍藏版）	海战武器 鉴赏指南（珍藏版）

现代兵器百科图鉴系列

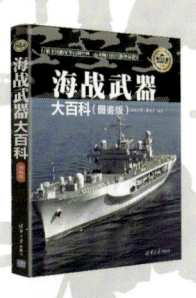

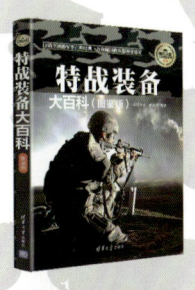

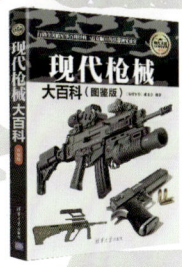

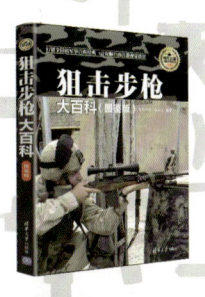

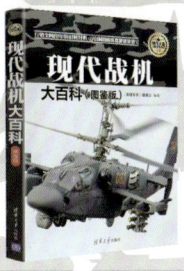

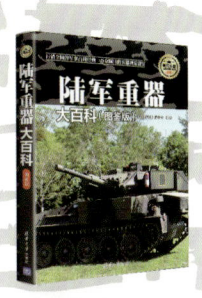

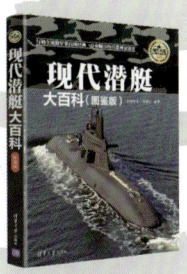

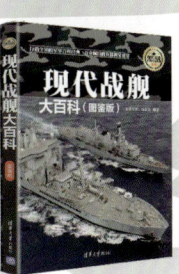

- 海战武器大百科
- 狙击步枪大百科
- 陆军重器大百科
- 手枪·冲锋枪大百科
- 坦克与装甲车大百科
- 特殊武器大百科
- 特战装备大百科
- 突击步枪大百科
- 现代潜艇大百科
- 现代枪械大百科
- 现代战机大百科
- 现代战舰大百科

全球武器精选系列

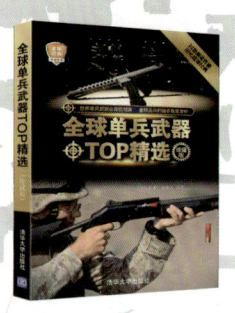

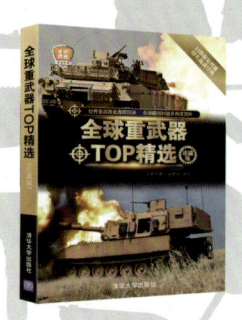

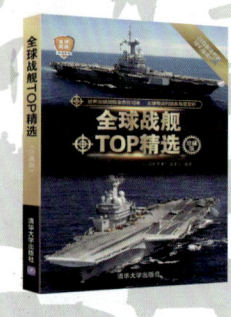

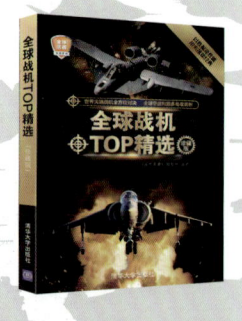

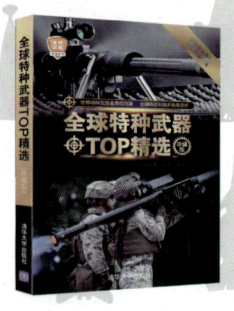

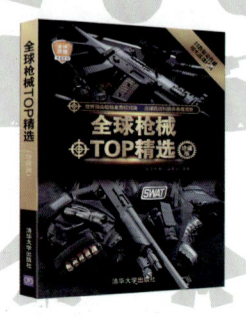

- 全球单兵武器TOP精选
- 全球重武器TOP精选
- 全球战舰TOP精选
- 全球战机TOP精选
- 全球特种武器TOP精选
- 全球枪械TOP精选